천천히
그러나 너무 늦지 않게,
미얀마

천천히
그러나 너무 늦지 않게,
미얀마

출판 나다

에필로그

문이 열렸다.

덜커덩거리며 문이 열리는 소리를 듣고 나는 순간적으로 얼굴을 찡그렸다.
엘리베이터 밖에서는 누군가가 정지 버튼을 누르고 있는 것 같았다. 통상적인 시간의 흐름이 조금 넘어섰다는 것을 너무도 빨리 눈치 챘을 때는 난 벌써부터 이미 그리고 확실하게 짜증이란 것부터 내고 있었다. 나는 이러한 나의 흐름을 감히 정당했다고 생각하고 있었다. 최대한 정중한 표정과 입술 모양을 가지고 그러나 마음속 한 가득 욕설을 안고 얼굴을 밖으로 내미려는 순간, 어린 소녀가 화면 안쪽으로 들어왔다. 소녀의 왼쪽 손에는 소녀보다 어린, 아마 그녀의 남동생이었을 어린아이의 손이 아주 작게 포개어져 있었다. 그리고 그 둘은 내 상황과는 별개로 웃으면서 들어왔다. 그냥 그 자체로 웃고 있었다. 나는 다시 문이 닫히는 동안 그 공간에서 우리를 제외한 또 다른 사람이 나를 쳐다보고 있는 것을 느꼈다. 그 얼굴은 전체적으로 상당히 일그러져 있었으며 부조화스러웠고 심지어 한 쪽 뺨은 눈과 함께 녹아내릴 것 같이 흘러내리고 있었다. 어린소녀가 작은 동생의 손을 잡고 들어오던 그 5초를 못 기다리고 있었던 사내.

다름 아닌 거울 속의 나였다.

엘리베이터가 일 층에 섰다.

아이들은 역시 손을 잡고 밖으로 나갔다. 나는 스스로 엘리베이터 안으로 고립되었다.

거울 속의 사내가 나에게 말했다.

"이봐. 내가 바로 당신이야."

문이 닫히고 잠시 그 정적의 공간에서 나는 거울을 보며 아주 천천히 얼굴의 모든 근육을 동원해서 웃어보려 했다. 아까 보았던 어린 친구들의 모습을 따라해 보고 싶었다. 몇 년간 전혀 이용하지 않았던 근육들이 갑자기 교란을 일으켰고 덩달아 모든 기관들이 갑작스런 난조에 빠지며 몸 전체가 이상한 춤을 췄다. 갑자기 인형이 된 것 같았다. 처음 거울속의 사내는 내켜하지 않았지만 천천히 나를 따라 입 꼬리를 올리고 눈매를 가다듬으며 웃는 얼굴을 향해 같이 움직였다.

수 십 초가 흐른 후 미소를 완성한 거울속의 사내는 나보고 가까이 오라고하더니 이렇게 속삭였다.

"당신은 이제 웃을 수 없어."

웃는 모습을 하고는 있지만 이제는 그것을 웃고 있다고 하지 않는다. 그것은 그저 웃고 있는 단순한 모양에 불과했다.

이즈음 인도여행을 마치고 여행기를 준비하고 있었던 나는 여러 출판사에 원고의뢰를 해 보았지만 정중하면서도 불친절하게 보내온 결국은, 거절의 여러 메일을 받으며 지쳐가고 있을 때였다.

무언가 위로가 되고 단 시간이나마 평온한 나로 되돌아가 줄 수 있는 커다란 미소의 세계.

세상의 모든 미소를 가졌다는 미얀마.

거울 앞에 선 나에게 그 미얀마가 떠오른 것은 어쩌면 당연한 과정이었다.

여러 나라에서 만났던 여행자들로부터 들어왔던 간간이 전해져오

던 미얀마의 '그것'

그들로부터 전해지는 미얀마의 장엄한 순수의 세계 그리고 그들의 오래된 미래. 우리가 계속해서 잊고 살았던 것들. 혹은 애초부터 몰랐던 것들. 보다 중요한 것은 내가 적어도 기뻐하고 웃으면서 살고 있다는 작은 확신 그리고 그런 언덕너머의 좀 더 큰 바램. 그것은 아마 모든 사람들의 삶의 희망이겠지.

나는 그것을 보고 싶었기에 곧바로 미얀마로 가기로 했다. 남인도와 인도네시아 그리고 이란은 잠시 뒤로 물러나 주었다. 그들 역시 깊은 이해를 하고 있는 듯 했다.

우리가 잃어버리고 또 한참을 지나왔으며 이제는 잊어버리기까지 한 그 '미소의 세계'

거울 앞에 선 사내는 그제 서야 갑자기 활기를 찾았다.

미얀마가 나에게 먼저 웃어주었다.

차례

여행은,

눈을 뜨고 꾸는 꿈

그리고 자신에게 숨겨진

날개를

결국, 찾아내는 것

양곤

망글라바, 미얀마

미얀마의 첫 아침.

다른 나라보다 얼굴 형태는 조금 길었지만

몸집은 작지 않아보였던 개의 무리들을 지나

주변을 산책했다.

높게 오른 야자수의 잎들은 흔들린다기보다는

펄럭인다고 해도 좋을 정도로 휘청거렸고

도시의 아침소음과는 거리가 있는 최소한의 소리들이

조용하게 골목에 자리 잡고 있었다.

타인에게 피해를 주지 않는

자기만의 규칙이라고 해도 좋은 느낌이었고

급할 것 없이 돌아가던 자전거 바퀴소리에는

확실히 여유가 있었다.

북적이는 크리스마스를 피해 한국을 떠나왔다.

모두가 흥청거리고 맥락 없는 불필요한 밤들이 이어질 연말의 거리는 무엇을 했던 간에 피해야 했을 것이었다. 개인적으로 연말인 경우에, 이제 한국에서는 더 이상 숨을 곳이 없다.

베이징을 떠난 비행기는 역시 언젠가 반드시 가볼 곳이라고 단단히 마음에 두고 있는 쿤밍에서 주유를 다시 한 후 남으로 진로를 바꾸었고 중국과 미얀마의 항공경계를 넘어서자마자 나타난 생각보다 넓게 이루어진 미얀마 북부지대의 정글지대 상공을 꽤 오랜 시간 날았다. 아주 군데군데 부락 정도라고 불리어도 좋을 마을들이 산 속과 강기슭 그리고 드문드문 그 언저리에서 삶의 끈을 이어가고 있었다.

앞으로 내가 딛을 땅, 내가 마실 공기 그리고 내가 다가가기 전 그들이 다가올 수많은 관계들이 밑에 놓여 있었다.

랜딩시 과도하게 심호흡을 하는 버릇은 여전히 미얀마에 대한 기대감과 더불어 가슴팍을 자극했고 난 어느새 인식할 겨를도 없이 미얀마 땅에 다다랐다.

미얀마 제 2의 도시인 만달레이보다 짧은 활주로를 지녔다는 수도 양곤의 밍글라돈 공항은 생각보다 작았지만 새롭게 단장된 내부와 그 시설들은 또 보기보다 준수했다. 과도하게 밝았던 공항 내부는 대도시의 커다란 대형 마켓에 와 있는 것 같은 느낌도 들었다. 미얀마 무슬림_{미얀마의 무슬림인구는 대략 4%대이다.}들은 공항바닥의 양탄자에 또 다른 개인 양탄자를 깔고 해가 지는 쪽으로 기도에 돌입했다. 이제는 거의 다 빠졌다고 보아도 좋을 남국의 습기 그리고 그 습기들의 마지막 잔 냄새들이 간간이 공기 속으로 흩어졌다.

한국에서부터 숙소 예약을 해 왔기 때문에 내 이름을 적은 피켓을 들고 있는 미얀마 여인이 기다리고 있는 출국장으로 나왔다.

'밍글라바'

앞으로 나에게 주어진 28일 동안_{미얀마 일반관광비자의 최대 체류기간은 최대 28일이다.} 수없이 불러야 할 미얀마의 '안녕하세요.' 이다.

참고로 미얀마는 1989년 UN이 공식으로 채택한 국가명이고 아직까지 한국인에게도 익숙한 이름인 버마는 미국과 호주, 프랑스등 서방세계의 나라들이 군부독재를 인정하지 않는다는 항의의 표시로 채택하고 있는 국호이다. 또한 2005. 1. 18. 미국의 상원인준청문회에서 당시 부시 행정부의 국무장관이었던 콘돌리자 라이스는 미얀마를 북한, 이란, 쿠바, 벨로루시, 짐바브웨와 함께 '폭정의 오지-Outposts of tyranny' 쯤으로 해석되는 해괴한 표현으로 규정해 미얀마의 혹독한 군사정권을 전 세계적으로 비난하며 공개화한 바 있다.

　한국인이 운영하는 레인보우 호텔에서 일한다는 순희. 양곤대학에서 한국어 전공을 한 탓에 생각보다 능숙한 한국어를 구사했지만 '언니는 실례지만 몇 살 이예요?'에 대한 나의 질문에 자신을 언니로 부르는 것은 잘못된 것이라고 바로 잡아주기까지 했다.

　세계적으로 급부상한 중국에 대한 견제의 일환으로 얼마 전 힐러리 클린턴이 다녀간 양곤의 중심가는 점차적으로 개방화의 흐름이 이어질 것이라는 기대감 때문이었는지 건물이며 도로등이 이웃 나라인 라오스의 수도인 비엔티엔보다 조금 더 현대적이었다.

　한국에서도 보기가 힘든 노란색과 흰색의 험머Hummer-미국의 군수용 지프였으나 고가의 민수용으로도 판매되는 육중한 트럭지프가 두 대나 지나갔다. 몇 개의 건물들은 예상외로 높았고 고풍스런 이미지도 갖추고 있었다. 메인도로는 잘 닦여

있었으며 한 낮에 그 구석구석에 떨어지던 햇빛은 너무 강렬하고 대담해 아스팔트 위에서는 약간의 신기루마저 보였다.

방을 배정받고 먼저 숙소 바깥으로 나왔다. 무엇보다 마음 편하게 양곤의, 미얀마의 공기를 마셔야 했다. 공기라는 것의 속에는 아직까지 내가 알지 못하는 무수한 미얀마의 냄새들이 뒤섞여 있을 터였다. 대한민국의 공기 중에는 확실히 많은 마늘과 고춧가루의 냄새가 녹아 있겠지만 난 그것을 절대적으로 사랑한다.

아무래도 피로감이 몰려왔지만 호텔 안에서는 미얀마의 아무것도 느낄 수 없었기에 무작정 버스를 타고 양곤의 여행자 거리로 알려져 있으며 중심 기점 역할을 하는 술레Sule 파고다로 향했다. 술레는 양곤에 있는 많은 탑들 중에서도 우선순위로 중요한 탑으로, 인도 아쇼카 대왕B.C. 268~231때 미얀마로 들어온 한 법사가 모셔온 부처님의 머리카락을 안장하기 위해 세워졌다고 하며 양곤은 애초부터 술레 파고다를 중심으로 지어진 도시라고 한다.

어디를 가던 정말이지 처음 보는 미얀마 사람들이 내 주위에 가득했다. 같은 동남아 국가지만 베트남보다는 확실히 눈매나 얼굴형이 둥글었고 전체적인 모습들은 적어도 라오스처럼 가난에 찌들어보이지는 않았다. 캄보디아보다는 약간 밝은 계열이었다. 어디로보아도 중국계라고는 보이지 않았다. 게다가 시각적으로 일반적인 얼굴의 모습보다 먼저 눈에 들어온 것은 미얀마의 가장 특색 있는 모습, 바로 타나카 Thanakha를 바른 모습이었다.

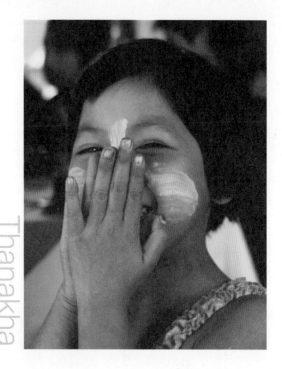

Thanakha

　　미얀마 중북부지방에서 자라는 5년 이상 된 타나카 나무를, 물을 뿌린 돌 판에 갈아 얼굴에 바르는 이 미얀마만의 특산물은 대다수의 여성과 남자 어린이등 미얀마인 모두가 애용하고 사랑하는 미얀마의 천연화장품이다. 항상 뜨거운 햇빛에 노출되어있는 얼굴을 보호해주며 여러 가지 피부 트러블에도 탁월한 효과가 있다고 하는 이 타나카역사의 시작은 무려 2,000천 년 전. 한국의 화장품 회사에서도 분명히 어떤 움직임이 있어야 하지 않을까.

우선적으로 지리만 익히기 위한 걸음이었기에 술레 파고다는 조금 떨어진 곳에서 보는 것으로 그치고 길거리 시장에서 샌들과 치약을 산 후 조금 더 둘러보고는 단순하게 숙소로 돌아왔다. 처음 도착한 도시에서 최소한 동서남북만 인식한다면 완전히 길을 잃을 염려는 없고 분명히 이제 막 도착한 낯선 나라였지만 이상함을 넘어 신기하게도 난 아무런 긴장이나 경직된 모습을 하지 않았다.

Sule Pagpda

　현재 미얀마의 수도는 행정적으로 양곤에서 북쪽으로 320km 떨어진 곳에 있는 '왕이 사는 곳'이라는 뜻의 네삐도Naypyitaw이지만 미얀마 모든 것의 중심이자 정신인 양곤은 며칠을 할애해서라도 볼 만한 가치가 있는 도시라 조금은 아껴두고 싶은 심산이 앞섰다. 다시 돌아 올 양곤을 대비해 술레 근처 몇 군데의 숙소를 알아보긴 했다. 하지만 몇 군데 그저 그런 숙소를 선뜻 결정하기란 쉽지 않았다. 제발 궁상을 떨지 좀 말라는 당부와 함께 이번에도 어김없이 누이가 많은 돈을 여행경비로 주었지만 나의 하루 예산은 어제 다르고 오늘 다른 미얀마 물가를 그대로 따라가기란 아무래도 무리였다.

　오후가 넘어 도착했기에 양곤의 첫날은 무언가를 할 겨를도 없이 그렇게 빨리 지나갔다.

　한 문화에서 다른 문화로 넘어갈 때는 방어적인 의미에서, 그러니까 의도적으로 조심성을 갖추기 마련이다. 하지만 버스에서 거리에서 또 숙소에서 그런 기본적인 긴장감들은 빠르게 사라져버렸다. 인간관계라는 것이 항상 공격과 수비의 선상에 놓이는 것은 아니지만 최소한 그들은 아무런 수비를 하지는 않았고 그것은 적어도 내가 의도한 것 같지는 않았다. 긴장보다 더 많은 떨림 그리고 그 모든 수치를 훨씬 넘어버린 기대감의 밤.

　나에게 주어진 시간은 4주.

　난 그 속에서 수많은 감정들을 잘 조율해야하며 또 균형을 맞추어야
한다.

　나는 얼마 전에 인생에서 무척 중요한 결정을 하나 했다.
　그것은 사랑이 되었던 분노가 되었던 또 상실이 되었던 혹은 그것들
을 넘어서는 허무감이 되었든, 감정을 먼저 앞세우지 않는 것.
　힘들지만 이 넓고 복잡한 세상을 살아가기 위해서는 어쩔 수 없는
나만의 자구책이었다.

　나도 잘 따를 테니 당신도 나를 버리지는 말아주시길.

눈을 뜨니 새벽 여섯 시가 조금 넘었다.
아직은 조심스럽게 어둡다.

훌륭하게 정돈 된 숙소의 마당으로 나오니 뜻하지 않는 바람으로 정원에 있던 나무테이블이 투정을 부리는 것처럼 삐걱거렸고 그 소리는 또 같이 흔들리며 나부끼던 열대 나뭇잎의 소리들이 일제히 잠재우곤 했다. 별은, 희미하게 멀어져가고 있기에 고요했다.

미얀마의 첫 아침.

다른 나라보다 얼굴 형태는 조금 길었지만 몸집은 작지 않아보였던 개의 무리들을 지나 주변을 산책했다. 높게 오른 야자수의 잎들은 흔들린다기보다는 펄럭인다고 해도 좋을 정도로 휘청거렸고 도시의 아침소음과는 거리가 있는 최소한의 소리들이 조용하게 골목에 자리 잡고 있었다. 타인에게 피해를 주지 않는 자기만의 규칙이라고 해도 좋은 느낌이었고 급할 것 없이 돌아가던 자전거 바퀴소리에는 확실히 여유가 있었다.

이런 정경이 미얀마식의 아침 인사라면 난 제대로 그 첫인사를 멋지게 받고 있는 셈이었다.

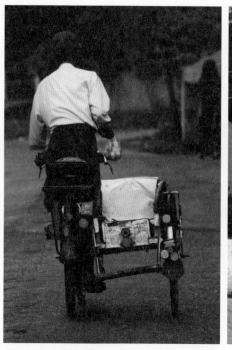

환전을 위해 다시 술레 파고다로 가기 전에 있는 보족 Bogyoke시장으로 갔다.

거리를 걷고 있는 사람들은 많았다. 하지만 크리스마스를 바로 지난 월요일인 오늘도 시장 전체가 문을 닫았다. 9시에 문을 연다는 사설 환전소는 30분이 지나도 문을 열 기미가 보이지 않았고 난 길거리에 아무렇게나 놓여있는 낮은 의자를 하나 택해 지나가는 양곤사람들의 모습을 보는 것으로 시간을 보냈다. 그 의

자는 내가 그쪽으로 다가가는 것을 알고 한 사내가 미리 일어나서 나에게 준 것이었다.

시장 앞의 걸음이었지만 '빠른' 이라기보다는 '서둘러' 에 가까웠고 그들은 걷지 않고 거닐었다.

소년 둘이 멀찌감치 걸어왔다.

한 녀석은 수건으로 얼굴을 모두 감쌌고 다른 녀석이 그 소년을 앞장세우며 길을 건넜다. 둘은 무슨 장난을 치며 놀고 있는 것 같았다. 인도의 턱을 넘을 때 얼굴을 수건으로 덮은 소년이 넘어졌다. 바로 뒤에서 녀석을 조종하던 녀석이 미리 아무런 이야기도 안 했을 것이었다. 녀석들은 그 자리에 같이 넘어지며 내가 볼 땐 수건을 안 쓴 녀석도 곧바로 같이 넘어져 주었다. 까무러치게 웃었다. 월요일 아침 분주한 도시의 시장 앞에서 볼 수 있었던 녀석들의 장난과 웃음. 다른 곳에서는 가능한 풍경인지는 둘째 치고 난 아마 이런 모습들을 보기 위해 미얀마에 온 것일 것이다. 그러

고 보니 조금 전 나에게 의자를 양보했던 사내는 멀찌감치 벽에 기대어 신문을 보며 서있다. 주변 사람들의 친절한 설명으로 근처의 은행에서 환전이 가능하다는 얘기를 듣고 은행으로 향했다. 은행 직원들 모두는 거의 백 프로라고 해도 좋을 정도로 친근한 미소와 몸짓으로 다가와 난 솔직히 조금 익숙지 않은 상황으로 심지어 불편해 하기도 했다. 일본인들의 과도한 친절과는 많이 다르지만 그리고 그들의 그것이 훈육을 통한 학습의 결과라면 미얀마 사람들의 친절은 그대로 몸과 근육 그리고 정신에 익은 태생적인 그것이었다. 미얀마의 서쪽에 있는 어느 나라에서는 이런 마음편한 상황이 자주 있지는 않다. 그런데도 사랑에 빠져버렸지만. 200불 환전. 몇 년 전에 발행되었다는 5,000 짯Kyat-미얀마의 화폐단위. 짜리 뭉치가 두둑하다.

길가에 놓여있는 가판에 앉아 미얀마의 국민커피라고 불리는 러펫예Lapietye-인도의 짜이같은 밀크티를 주문했다.

분명히 이 러펫예는 이런 낮은 의자에서 마셔야 제대로 즐길 수 있을 것이라는 생각이 미칠 정도로 이런 의자와의 조합은 훌륭했다. 어

중간한 느낌의 미얀마 담배인 '링컨' 한 갑을 사서 입에 물었을 때 마침 그곳에서 러펫예를 서빙하던 어린 소년은 내 라이터불의 보전을 위해 그 조그마한 손을 나에게 모아주었다. 녀석의 손에서 순간 퍽퍽한 삶의 흔적이 벌써부터 묻어났다. 의학적으로는 뇌 세포의 수가 성

인과 같아지는 열 살 정도의 나이라고는 하지만 사실 공을 잡거나 손끝에 과자 부스러기가 묻어 있어야 할 그 손은 벌써 청년의 손이었고 심지어 남자의 손이었다. 하필 녀석의 하얀 눈동자가 마치 도자기처럼 밝고 빛나지 않았었다면 더 좋았을 텐데, 바보같이 지나치게 감상적인 나로서는 이런 찰나의 장면에서 벅차게 행복해하고 심각하게 연민을 느끼며 설명할 수 없는 갑작스런 당혹감에 빠져버린다. 그냥 순식간에 뒤죽박죽이 되어 버렸다.

단지 미안했다.

친구야. 나한테는 이러지 않아도 된단다.

러펫예는 주인아주머니의 추천대로 강하지 않은 것으로 마셨다. 명성대로 무척 달았지만 오히려 양치질을 한 후 입 안이 개운해질 정도로 내부의 모든 것을 말끔하게 걷어갔다. 300짯. 아마 겨울 인도의 짜이처럼 거의 매일 마시게 될 것 같다.

낯선 이를 쳐다보던 미얀마 남성들에게 수컷으로써의 기본적인 경계심 따위는 없었다.

그들은 그저 내가 러펫예를 잘 마시고 있는가를 보고 있는 것 같았다. 만일 제대로 마시지 못하고 있다면 언제든지 뛰어올 태세였다.

"쪠주 떤 바데 '대단히 감사합니다.' 의 미얀마 말."

아마 주위에 있던 모든 사람들을 보며 말했던 것 같았고 미얀마에서는 이 말이 비단 한 사람에게만 대상으로 국한된 인사가 되지는 않을 것이다. 모두에게 감사한 인사. 그것은 당연한 것이 된다.

점심때는 숙소근처의 Motion Pictures Museum엘 들렀다.

미얀마에 오기로 결정하고 그나마 없는 정보를 찾을 때부터 여행 포인트 4순위 안에 들었던 곳이다. 이제는 그 의미마저 희미해져버린 영화라는 상징과 박물관이라는 공간이 만났을 때, 그러니까 꿈의 은유와 현실의 리얼리티가 황금의 손을 잡아 균형을 이뤘을 때 난 그것을 절대로 지나칠 수 없다. 지나가면서 문지기에게 Open과 Free라는 말을 들었으나 사진기를 챙겨 다시 왔더니 토요일과 일요일 외에는 문을 열지 않으며 입장료는 2,000짯이라고 했다. 오늘은 월요일. 무작정 박물관장에게 향했다. 최대한 실례가 되지 않는 범위 내에서 사정 설명을

한 후 오히려 일대일 가이드가 붙은 상태에서 단독으로 박물관 관람을 이뤄낼 수 있었다. 관장앞에서의 내 표정은 저 서로 먼 쪽의 두 감정인 이를테면, 이곳을 못 보고 미얀마를 떠날 수는 없다는 처절함과 이곳에 드디어 왔다는 안도감을 동시에 극적으로 표현해 냈어야 했고 내가 아마 그것을 정확히 해냈던 것 같다.

Athiathi라는 이름의 처자는 나를 이끌며, 크지는 않았지만 구석구석 알찼던 이곳을 친절하게 안내했다.

아시아에서 어느 나라보다 영화강국이었고 한때는 인도의 영화마저 넘보았던 미얀마의 영화 역사가 고스란히 보존되어 있는 이곳.

Athiath

1945년부터 시작된 미얀마 아카데미 어워드는 매년마다 11개 분야에 걸쳐 시상을 하고 있으며 우리나라처럼 배우나 작품에게만 집중되지 않고 카메라와 조연 그리고 특별하게 시나리오 부분에도 많은 포커스를 두고 있다고 한다. 군부독재 시절을 관통해 오는 동안 얼마나 많은 곡절과 이면이 있었겠는가마는 영화를 지킨다는 자세 하나만 가지고 미얀마의 가치는 조금 높아져도 되지 않을까.

언제부터 영화가 지켜야 되는 수준으로 격하 되었는지, 우리는 이제 어디에서 꿈을 꿀 수 있을까.

유치하기 짝이 없는 농담들로 분위기를 돋군 나는 아띠와 장난도 쳤다. 이층의 계단을 오르기 전 아티는 나에게 레이디 퍼스트라며 농담을 건넸고 난 브래지어를 추켜올리는 흉내를 내며 여자의 목소리로 쩨주 띤 바데라고 했다. 나무 계단이 엇갈리는 소리는 잠시 우리의 웃음소리에 묻혔다. 아주 잠시라도 그녀의 어깨에 손을 얹고 같이 거닐고 싶었다.

미얀마 영화인들의 사진이 빼곡하게 전시 된 벽면에서 나는 정확하게 배우들의 얼굴만을 짚어내며 잘난 척을 해댔고 아띠는 뻔 한 상황에서도 기꺼이 웃어주었다. 천장과 벽 귀퉁이에 거미줄이 쳐져 있었지만 영화라는 그림에 세월을 덧입힌 것 같아 오히려 연출력이 느껴졌다.

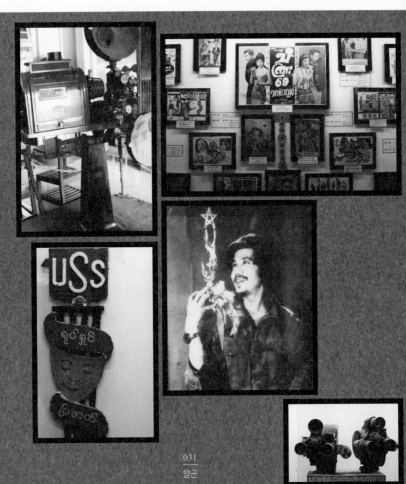

초창기 영화 관련물들이 전시되어있는 오른쪽 방에 들어섰을 때 난 벽 정면에 전시되어 있는 한 그림을 보고 그대로 멈추어 섰다. 대단한 아우라가 느껴지는 모습이었다. 그림 속의 인물은 Win Oo1935~1988.

영화배우이자 동시에 감독이었으며 스스로 제작자이기도 했고 유명 잡지의 발행인이었으며 수많은 미얀마 대표곡을 양산한 가수이자 소설가이기도 했던 윈 우. 아띠의 부모님 세대에서 거의 절대적으로 인기를 얻었다는 윈 우는 그러나 과도한 약물남용과 무절제한 생활로 천재적인 삶을 조금 일찍 앞당겼다고 한다. 그의 얼굴에는 확실히 쓸쓸함과 아이 같은 눈빛이 있었다. 그 두 가지는 절대 쉽게 같이 나타날 수 없다. 나는 그런 그의 모습을 보고 멈추었던 것 같다.

Win Oo

천재들. 삶이란 것이 어떤 것인지 너무나 일찍 알아버렸기에 아마 세속의 다른 미련들은 없었겠지. 하지만 인간들에게 좀 더 그것을 가르쳐주었으면 좋았을 텐데.

수 없이 먼저 가 버린 많은 천재들에게 경배를.

귀중한 허락과 시간을 내준 관장님과 아띠에게 감사의 인사를 전하고 박물관을 나왔다. 이런 곳을 나오는 길에는 비가 오던 혹은 눈이 내리던 벚꽃이 흩날리던 무엇인가 감정적인 뒷받침을 해 줄 씬이 필요한 건 사실이다. 사랑하는 사람이 길 끝에서 환하게 웃어주며 반겼더라면 누구든 그의 인생은 잠시 날아올랐겠지. 양곤의 숨은 소품이자 짧은 단편, 미얀마 Motion Pictures Museum. 영화에 대한 믿음을 조금이라도 이어가고 싶다면, 어디에 있던 이런 곳은 애써서 시간을 내야 한다.

숙소로 돌아오는 골목에서 열 명에 가까운 청년들을 마주치게 되었다.

껄렁껄렁하던 청년들은 카메라를 볼품없이 메고 있는 낯선 사람의 모습을 보고 일제히 경직된 눈빛을 보였다. 잠시 어색한 시간이 흐르며 그들과의 거리가 상당히 좁혀졌다.

'밍글라바~~' 인사를 건넨 것은 그 쪽이었다.

그리고 일제히 터져버린 그들의 미소.

난 이런 웃음을 이제까지 본 적이 없다. 결단코.

저 만한 또래의 남자 녀석들에게서는 절대 나올 수 없는 무구의 미소.

난 저 친구들이 심지어 여자들인 줄 순간적으로 착각했을 만큼 미소는 상냥했다.

저런 웃음은 고작해야 한국의 아무런 걱정 없는 여중생들에게서나 볼 수 있었던 것이 아니었던가.

순박하고 아무런 타산과 이해가 없으며 결과로써의 계산을 생각하지 않고 마음에서 바로 얼굴로 이어지는 미소의 자연스러운 흐름. 상대방에 대한 기본적인 배려가 있으며 나아가 존경심이라고까지 표현해도 좋을 절정의 마음가짐. 난 내가 지어낼 수 있는 아니 이제는 거의 불가능해져버린 나의 최선의 미소로 화답했고 지금 이 골목에 서 있음을 감사해 했다. 남자들끼리 손까지 흔들 필요는 없었지만 난 어정쩡한 자세로 손마저 흔들어버렸다.

다자이 오사무의 말은 결국 맞았다.

불량함은 결국 상냥함을 말하는 것이 아니겠느냐고.

앞으로 볼 수 있는 천 만 개의 미소 중 일부분이지만 부디. 그 웃음을 잃지 말기를.

그리고 나 역시 그 미소를 꼭 기억해주기를.

간직하기를.

더불어 전달하기를.

캄보디아에서 건설업을 하시는 선배님과 아침에 은행에서 잠시 마주쳤던 젊은 친구와 셋이서 바간Bagan으로 떠나는 터미널이 있는 곳으로 택시를 나누어 타게 되었고 당연히 다음 행선지인 바간까지 같이 가게 되었다. 양곤은 역시 여행 말미에 두기로 했다. 미얀마의 외국인 물가는 아주 작은 부분에서부터 견고하게 오르고 있기에 미얀마 여행 시 이 셰어Share에 대한 인식은 어느 나라보다 달라야했다.

바간으로 가는 버스가 출발하는 시외 버스터미널은 꽤 멀었다. 무려한 시간 가까이를 달려 생각보다 정시에 출발했던 바간행 버스를 탔다. 서두르지 않았다면 분명 버스를 놓쳤을 것이고 숙소에서 마련해주어 우리들의 행선지를 정확하게 알고 있는 택시기사가 아니었다면 엄청나게 헤매고 말았을 만큼 어지럽고 복잡한 노정이었다.

양곤에서 거의 주요한 여행 포인트를 다 다녀 마약버스라는 억지타이틀이 붙은, 그리고 미얀마 고유숫자인 43번이 리본 모양처럼 생겨 역시 리본버스라고 불리는 43번 버스로는 아마 두 시간은 족히 걸렸을 것이다. 셰어가 가능하다면 분명히 택시이동이 편리하고 수월하다.

젊은 친구는 호텔을 통하지 않고 씩씩하게 어디엔가 있다는 사설 여행사를 통해 버스표를 사 우리가 호텔에 지불했던 수수료를 줄이는 훌륭한 개가를 이루어냈지만 정작 버스 차장에게는 어제 날짜가 적힌 표를 내밀었다. 이것저것 설명을 했지만 1분 만에 투항, 고스란히 15,000짯을 다시 내야 했다. 말이 안 통하는 상황에서 이쪽이 가지고 있는 어제 날짜의 티켓 가지고는 아무것도 할 수 없었다. 친구는 삼일 동안 양곤에서 무엇을 어떻게 했는지 모르겠지만 벌써부터 200불이나 썼다고 미얀마의 바가지 물가에 뜨겁게 달아올랐다. 자가발전을 하는 것도 같았다.

미얀마 야간 버스의 엄청난 소음과 추위는 악명이 높았지만 소음은 그런대로 준수한 수준이었고 버스 컨디션도 그런대로 괜찮았다. 하지만 에어컨으로 인한 추위는 겨울을 피해 이곳으로 여행 온 나의 의지에 대놓고 맞섰다. 양곤 호텔에 맡기지 않고 무리해서 한국에서부터 입고 온 두꺼운 겨울옷을 가지고 온 나는, 나를 얼마나 칭찬했는지 모른다. 나는 나를 안고 잤다.

바간

탑들의 퍼즐

비오는 바간의 대지위로
조밀하게 솟아난 탑들이 마치
퍼즐처럼 배치되어 있다.
계단을 통해 올라 공기 중에
섞인 비를 마음껏 마셨다.
어디선가 아주 오랜 옛날의
돌가루 냄새와 흙냄새
그리고 정확히 기억해내지 못한
꽃가루 냄새도 났다.
어쩌면 그것은
이른 봄의 냄새였을 지도 몰랐다.

8시간 반이 걸려 바간에 도착.
많이 걸리는 시간이라고 보기는 어렵다.

북으로 올라가는 도중, 북쪽으로 향하는 만달레이Mandalay와 동쪽으로 빠지는 껄로Kalaw 그리고 서쪽으로 갈라지는 바간으로 가는 중간지점에 위치한 고속도로 휴게소는 마치 작은 라스 베가스라고 불리어도 좋을 정도로 화려하고 거대했다. 현금과 경제적인 압박으로 무장한 중국자본이 북쪽과 동쪽으로부터 이미 밀려들어오고 있다지만 휴게소는 그 자본력의 무시무시한 상징처럼 보였다. 분명 미얀마를 처음 방문하는 사람이라면 이곳에서 엄청난 인파와 화려한 네온 사인에 처음으로 적잖이 놀랄 것이다양곤과 만달레이 구간의 566킬로미터 고속도로는 중국이 건설했다.

어두운 새벽 네 시. 날씨는 약간 쌀쌀했고 어디선가 엄청나게 싱그러운 흙냄새가 났다. 나는 이 냄새를 아주 오래전 외할아버지와 외할머니 산소가 있는 수원의 지지대 고개에서 맡아본 기억이 있다.

미리 예약하고 온 숙소에서 일찌감치 픽업을 나왔다. 호스카Horsecart-바간의 명물로써 말이 끄는 마차를 끄는 말과 함께.

새벽의 이 정감 있고 토속적인 픽업은 바간의 의지와는 관계없이 나혼자 바간을 무작정 좋아하게 된 단초가 될 것이었다. 선배님과 나는 각각 예약된 숙소로 가기 위해 말을 탔지만 젊은 친구는 아무런 준비 없이 그냥 바간의 새벽에 남겨져야 했다. 무언가 적극적인 행동이나 말이라도 붙여왔다면 방을 나누어 쓸 수도 있었겠지만 멀뚱히 서 있는 그에게 내가 애써 먼저 호의를 베풀 것까지는 없었다. 가방에서 주섬주섬 정보를 적은 종이뭉치를 꺼내는 것을 보니 안심해도 좋다는 생각이 들어 간단하게 악수를 하고 자리를 떴다. 나보다 많은 국가를 다닌 친구니 그 정도 순발력은 이미 머릿속에 준비되어 있겠지.

잉와Inwa 게스트하우스.

명성이 높고 평판이 좋은 것은 분명하지만 가격은 12불. 한국기준으로 본다면 저렴한 금액이긴 했지만 미얀마의 물가를 감안한다면 일반 서민들은 며칠을 벌어야 만질 수 있을 정도로 적지 않은 액수이다. 비수기 때미얀마 여행의 비수기는 대체적으로 한국의 겨울시즌을 뺀 나머지 기간이라고 한다.는 가격이 상당히 내려간다고는 하지만 가이드북에 나와 있는 모든 정보나 숙소금액은 이제 아무 소용이 없을 정도로 한 세대 전의 것이라고 생각해도 좋았다. 게다가 바간은 지역입장권이라는 다소 생소한 입장권도 요구했다. 10불. 나를 이곳으로 안내한 호스카 주인은 거의 애걸을 하다시피 오늘 하루 자신과 투어를 하자며 졸라댔다. 무릎을 꿇을 정도로 매달리던 사내는 만일 투어를 허락한다면 내일 하루는 당신을 왕으로 모시겠다는 맹세를 할 정도로 결연했다. 15,000짯. 가방을 로비에 맡겨놓은 채로 선배님이 묵고 있는 숙소로 향했다. 마차투어를 셰어하기 위해서였다. 버스 안에서 거의 잠을 이루지 못했기에 우선은 몸을 누이고 싶었지만 쫄라라는 이름을 가진 사내의 표정 앞에서는 모든 것을 그에게 맞춰야 했다. 다시 그의 마차를 타고 새벽의 냥우Nyaung U거리바간이 통칭이지만 행정명칭은 냥우이다를 달렸다. 어쩌면 바간에서 기억될 가장 멋진 시간이었다고 해도 좋았을 것이다. 새벽을 그것도 이 한적한 바간에서 그리고 마차 위에서 말과 함께.

하지만 쫄라의 기대를 무너뜨리는 선배의 대답은 마차투어 생각이 없으시다는 말씀. 몇 달 후쯤 미얀마로 다시 올 것이라는 선배님은 그때 같이 오시게 될 사모님과의 시간을 위해서는 당연히 그러서야 했다. 쫄라는 그때부터 더욱 나에게 매달렸다. 그는 오늘 하루 공을 칠지도 모른다는 생각 때문인지 거의 무너질 것같이 울려고 했으며 심지어 머리를 쥐어짜고 괴로워했다. 그는 갑자기 할아버지처럼 보이기도 했다.

쫄라, 난 지금 먼저 자야해.

아마 지금 자면 투어가 시작된다는 아홉시는커녕 점심때나 일어나게 될 거야. 분명 약속하건데 내일은 분명히 너의 마차를 타고 투어를 할 거야. 그러니 지금은 돌아가는 편이 좋겠어.

나는 아이를 달래듯 아주 세심하게 쫄라를 다독여 말의 기수를 돌릴

수 있었다. 나의 그 선언과도 같았던 약속이 촐라에게 커다란 도움과 희망을 안겨주었는지 촐라는 막판에 천진스러운 웃음을 띠고 드디어 냥우시장 쪽으로 사라졌다. 그의 뒤로 내일이 보장되었다는 금빛 파도 가 넘실거렸다.

냥우의 동쪽은 조심스럽게 밝아지고 있었다. 새벽의 푸르스름한 색 감과 더없이 어울리는 담배의 하얀 연기를 피워내고는 방으로 돌아가 몸을 뉘였다. 이제 겨우 '적을 모두 물리친 도시' 라는 뜻의 바간에 도 착한 실감을 했다. 양곤의 심장인 쉐다공Shwedagon 파고다와 더불어 간 간이 세계의 여러 매체를 통해 발표되고 있는 '죽기 전에 가 보아야 할 100대 여행지' 에서 항상 앞자리를 차지하는 유이한 단골손님이며 2012년 론리 플래닛이 발표한 2012년 최고의 여행지에 우간다에 이어 두 번째의 자리를 차지한 바간.

Mingalaba Bagan

그러고 보니 인사를 못했네. 바간 안녕?

늦었지만 만나서 반가워.

*

춥다.

담요를 머리끝까지 뒤집어 쓴 채로 일어났다. 시간은 열 시. 뜻하지

않게 다섯 시간도 안 되서 일어난 셈이다. 나는 나에게 잠시 실망했다.

삐걱거리는 관절을 벗 삼아 밝아진 냥우거리로 나가보았다. 조금 전

내가 지나왔던 냥우의 아침거리는 하루의 분주함과 일상으로 이미 바

빠 있었다. 인간들의 일상은 어디든 너무나 단순하지만 또 부글거리는

거품처럼 갑자기 부풀어 오르기도 한다. 그래서 인간에게 해와 함께

하루를 가라앉히는 저녁시간이란 것은 더 없이 소중하다. 너무 떠버리

면 날아가 버릴 것 같으니.

뒷짐을 지고 시장 쪽으로 걸어갔다. 바간에서는 이런 자세가 썩 어울렸다.

고무신이 있었으면 좋았을 것을.

어린아이를 업고 있던 남루한 차림의 엄마가 한 소년에게 계속해서 돌을 던져댔다. 그 돌은 물수제비처럼 나에게로 날아와서 싱그럽게 스치기도 했다. 몇 번이나 돌을 맞으며 또는 피하며 전진하던 소년은 다시 득달같이 달려온 그 여자에게 등짝을 맞았다. 소년의 엄마였던 여자는 자꾸 배가 고프다며 투정을 부려대는 큰 아들 녀석이 미웠나보다. 그녀에게는 큰 아이 말고도 또 다른 어린 사내아이가 곁에 있었고 녀석도 계속 울어댔다. 그들을 살갑게 뒤따르던 개도 한 마리 있었다. 그들은 가족이었고 결국 가족 같았다. 아비는 어디에 있을까. 어디에 있길래 저들이 저렇게 길거리에서 모든 것을 해결해야 하는 것일까. 혹시 모를 아버지의 이른 죽음을 그러나 어미는 아이들에게 말해줄 수 없다. 인생이라는 것에 대해 전혀 모르는 아이들에게 죽음이라는 인생의 끝을 벌써부터 설명해 주기에는 그 세계 자체가 너무 가혹하고 무겁다.

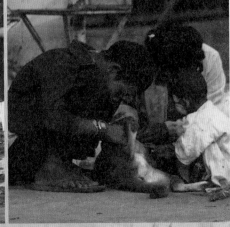

시장은 숙소에서 조금만 걸으면 바로 펼쳐졌다.

아침 메뉴는 모힝가Mohinga. 미얀마로 올 때부터 샨국수미얀마 소수민족인 샨족의 국수와 함께 그리고 미얀마 비어와 함께 음식 리스트에 올렸던 메뉴이며 기본적으로 생선을 우린 국물에 주로 메기와 바나나 나무를 삶아 육수와 합치고 자잘한 튀김가루와 채소를 버무려 먹는 미얀마의 대표적인 서민음식이다. 그러나.

나의 발음이 분명 잘못되어진 것인지 국물로 서빙 되는 것으로 알았던 모힝가는 국물이 없이 면과 고명들만이 나와 잠시 나를 혼란케 했다. 게다가 우리의 미숫가루와 같은 가루가 뿌려진 면은 처음 면을 흡입했을 때 어지간한 기술을 가지고 있지 못하면 목에 가루가 걸리는 복잡한 양상으로 이어져 당연히 사레가 들린 나는 국수를 들고 어쩔 줄 몰라 해야만 했다. 단단히 사레가 걸린 나는 엄청난 기침을 해댔고 내부의 장기들은 그때마다 한꺼번에 사이좋게 들썩였다. 같은 아시안이지만 어딘지 다른 용모의 여행자가 얼굴이 벌겋게 되어서 기침을 해대자 주인장이 달려와서 침착하고 정성스럽게 면을 다시 비벼주었다. 언젠가 나도 사랑하는 그녀에게 정성을 가득 담아 짜장면을 비벼 줄 것이다. 하지만 역시 국수에 뿌려져 있던 약간 느끼한 기름은 오히려 맛을 반감시키는데 결정적이었다. 모힝가 실패. 아니 이름 모를 국수는 나의 미얀마 면사랑 첫 등판을 처음부터 두들겨댔다. 나는 자진 강판할 수밖에 없었다. 무언가 갑자기 대단한 할 일이 없어져 버린 듯한 기분을 안고 다시 냥우거리를 걸었다. 참으로 일차원적인 기분의 발로였다.

냥우거리에서 올드 바간쪽으로 걷다보면 한글로 '난향' 이라는 간판을 발견할 수 있다냥우는 통칭 올드 바간과 뉴 바간으로 나뉜다.

한국인이 거주하며 염주가게를 운영한다고 들은 난향은 만달레이 있는 것이라고 알고 왔지만 바간에 있었다. 난 미얀마로 오기 전 한국

에서 갑자기 선풍적인 인기를 얻고 있는 하얀 국물의 라면을 몇 봉지 가지고 왔다. 그것은 오로지 이 난향의 사장님에게 드리기 위한 선물이었다. 미얀마에서 그것도 양곤이 아닌 타 지역에서 생활을 하신다는 글을 인터넷 어딘가에서 본 이후 난 그 사장님에게 묘한 동정심과 약간의 연민마저 느껴져서 일면식도 없는 사장님에게 원래부터 그것을 드리고 싶어 했다. 바쁘신 와중에도 사장님은 나를 천진하게 맞아주었다. 이곳을 들리는 거의 모든 한국여행자가 이곳을 방문하여 쓸데없고 개인적인 감정에만 치우치는 일방적인 대화를 해 왔을 것임에도 불구하고 아직도 그런 밝은 미소를 지닌다는 것은 그가 곧 미얀마에 살고 있음일 것이었다. 사장님은 라면 두 봉지를 받고는 감사하다며 역시 사람 좋게 웃어 주었다.

사장님은 바쁜 와중에도 냥우의 볼거리를 지도를 펼쳐놓고 설명을 해주셨고 게다가 커피까지 공짜로 주셨다. 방문을 마치고 커피 값을 계산하려고 했을 때 원래 무료라며 한사코 커피 값을 받지 않으셨다. 나중에 혹시 바간을 다시 방문하게 된다면 하얀 국물 라면을 박스 채 싸가지고 올 생각이다.

냥우거리의 나름 로터리에서 픽업트럭을 한 번 타보기로 했다. 올드 바간까지 1,000짯을 불렀지만 현지인들이 500짯을 내는 것을 보았기에 그대로 나도 500짯으로 밀어붙였다. 미얀마에는 혹독한 외국인 요금제가 있다고 여행을 떠나기 전부터 들어왔지만 이런 기초적인 요금에까지 적용되는 것은 내 쪽에서 일방적으로 곤란했다. 차장도 그냥 별다른 설명 없이 500짯을 받았다. 크지 않은 트럭은 승객들이 모두 차고 정원을 넘겨 지붕에까지 모두 빼곡하게 자리를 잡고도 뒷부분에 매달린 사람이 모두 열 명은 된 상태에서 출발했다. 삼십 여명이 넘게 탄

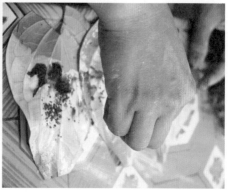

셈이다. 출발하기 전까지 좁은 트럭의 뒷자리에 앉아 미얀마 어린이들
과 옥수수를 나누어 먹고 아낙들과 가볍게 눈인사를 나누기도 했다.
미얀마의 픽업트럭은 자리가 비좁을 경우 남성들 거의 모두는 매달리
거나 지붕으로 올라가고 여성과 아이들만 내부에 앉을 수 있었다.

　냥우에서 올드 바간까지는 트럭버스로 십 여분. 걷는다면 한 시간은
충분히 넘는 거리이다. 물론 바간의 거리를 걷는 것은 바간을 느끼기
에 더 없이 좋은 방식이다. 주위에 높은 산이 없는 바간에서는 마음껏
대지와 그 위를 활공하는 흙먼지를 만끽할 수 있었다. 바람은 약간 말
랐지만 여름 시즌에 비하면 그래도 괜찮다고 한다. 여름 때의 바간과
만달레이의 구간은 그 어떤 나라의 더위와 견주어도 밀리지 않을 자신
이 있다고 한다.

처음으로 찾아간 곳은 바간왕국을 대표하는 아난다 퍼야Ananda Paya-
퍼야는 파고다의 미얀마식 발음이다.

올드 바간과 뉴 바간을 나누는 떠랍하 게이트Tharaba Gate 근처에 있
어 금방 찾아갈 수 있다. 미얀마의 사원에 들어갈 때에는 신발은 물론
양말까지 탈의해야 했으며 내가 볼 때 그것은 성스러운 곳에서는 대단
히 이치에 맞는 자세인 것 같았지만 러시아에서 온 관광객은 아랑곳하
지 않고 경내를 활보했다. 바간에서 가장 보존이 잘 되어있다는 평가
를 받고 있고 부처의 지혜를 구체화하기 위해 인도의 뱅갈지역 사원을
모방했으며 1091년에 바간왕조의 3대 왕인 징짓따Kyanzittha/1084-1113왕
의 지시에 의해서 만들어졌다고 하는 아난다. 각각 한 면의 길이가 53
미터의 정사각형이라는 파고다에는 네 방향에 9미터가 넘는 높이의

커다란 황금색 부처입상이 있으며 경내에는 모두 550좌의 작은 불상들이 빈틈없이 자리하고 있다.

모두가 다른 얼굴이며 물론 다른 느낌이고 또 같지 않은 동작들이었다. 약간은 근엄하게 또 조금은 익살스럽게도곧 그것이 한편으로는 세속과의 거리를 좁히는 표현이었겠지만 표현된 부처상은 그러나 기본적인 위엄과 무게감들이 있었다. 앞으로 수 천 개의 불상을 마주할 테지만 황금빛 아난다의 부처상들은 그 모든 것들의 절정의 자리에 있을 것이라고 미리 예견해도 전혀 지장이 있을 수 없었다. 확신에 가득 찬 부처상의 위용은 아난다 파고다 그 자체였다.

아마 밤이 되어 어두워지면 그 자체의 황금빛으로 바간 전체가 빛날 것이다.

부처상 앞에서 미얀마의 신실한 불자들은 그들의 모든 정성과 정신 그리고 정념을 한 곳으로 집중시켰다. 그들 주위에서는 발걸음을 옮기기도 송구했으며 난 스스로 비루할 정도로 세속적인 미물이었다. 소음은 극도로 제한되었으며 모든 동작들은 기본적인 것으로만 자제되었

다. 분명 이렇게 화려하고 아름다운 사원을 내일 투어 때 다시 들리게 될 테지만 다시 들린다고 해도 기꺼이 올 곳으로 난 이미 아름다움에 빠져버렸다. '아름답다' 앞에 '예쁘다' 는 수식은 조금 밀려나도 좋지 않을까. 벌써부터 바간의 전부를 보아버린 느낌. 하지만 미얀마 전체에 있는 400만 여개의 파고다 중 바간에 있는 파고다만 2,300여개. 바간의 주위지역까지 합하면 거의 5,000개가 넘는 탑들이 산재해 있다고하며 아직도 꾸준히 지어지고 있다는 탑들의 우주. 전 세계의 거대 유적들이 왕과 군주의 치적과 욕심에 의해 강제노역 된 일반 백성들의 피와 땀의 결과물들임을 간과하지 않는다면 온전히 자발적인 불심으로만 지어졌다는 바간의 파고다들은 듣던 대로 가히 평화의 상징물들인 것 같다.

아직도 많이 남았다.

서두르지 말 것. 걱정하지 말 것. 그리고 아무렇지도 않을 것.

아난다 뒤쪽으로 몇 개의 아담한 사원들을 방문한 후 다시 터미널 쪽으로 걷다가 우 삘리 떼인Upali Thein에 들렀다.

13세기 우 삘리라는 승려의 이름을 본 따 만든 아담한 사원. 출가를 한 후 정식으로 승려가 되기 전 자신의 불심을 확인하고 정리하며 승려가 되고자 하는 자신과 약속하는 수계식의 장소. 다른 말로 쉽게 얘기하면 세상과는 꽤 단절한다는, 세속적인 의미에서는 가엾은 약속을 하는 곳이다. 미얀마 불자라면 거의 대부분이 통과의례로 삼는다는 단기출가는 비교적 어린 나이에 출가한다는 사실을 감안하면 그 과정이 무척 애처롭기도 하지만 그것은 불교를 통해 받아들여야 하는 거대한 이해라고도 보여 진다.

보통 다른 탑들이 붉은 벽돌로 만들어져 있지만 이 사원은 벽돌 재

질은 아닌 것 같았다. 아이보리한 바탕에 검은색의 세월이 무게가 덧칠해진 작은 사원인 우 뻴리 떼인은 그러나 들어가는 문이 잠겨 있어 내부에 보관되어 있다는 아름답고 섬세한 벽화를 볼 수는 없었다.

길 양 옆으로 파고다들이 즐비한 길을 걸었다. 용도를 알 수 없는 거대한 항아리 공장도 지나쳤다. 바간은 진정 세상 모든 탑들의 고향이다.

바간에서 탑보다 많은 개체를 이루는 것은 아마 사람을 포함해도 없을 것이다. 우 뻴리 떼인 앞에는 특이한 모양의, 괴기한 동화에나 나올 법한 사원이 서 있다. 이 사원은 왠지 성으로 불러도 좋을 것 같았다. 이름은 틸로민로Htilominlo. 내일 투어에 이 파고다가 절대로 빠지지 않을 것이라는 확신을 안고 다시 걸었다.

오늘의 마지막 방문 포인트는 쉐지공Shwezigon 파고다이다. 중간에 냥우로 돌아오는 픽업을 타지 않았다면 마침 그때부터 시작된 무미한 길을 하염없이 걸어야 했다. 11세기 초 바간왕조를 처음으로 통합한 기념으로 세운 파고다로 미얀마 파고다양식의 기틀을 제공한 학술적으로 중요한 파고다인 쉐지공. 냥우 버스터미널 뒤편에 자리하고 있고 서쪽 에야와디Ayeyarwaddy 강 쪽으로 대담하게 빛나는 종 모양의 탑

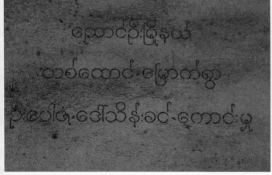
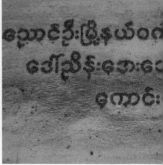

이 바로 '황금모래 언덕의 파고다' 라는 뜻의 쉐지공 파고다이다.
자연스럽게 그곳으로 갈 수 밖에 없었다. 파고다 내부에는 부처의
이마뼈와 모조 치사리가 안치된 것으로 알려져 있으며 바간의 많은
파고다들이 인공 벽돌로 지어진데 반해 쉐지공은 모두 사암을 깎아
서 만들어 진 것이 큰 특징이라고 한다. 사원으로 들어가는 입구까
지 길게 조성된 회랑을 따라 사원으로 들어갔다. 내방객의 수에 비
해 너무나 많이 있는 조그마한 상점들은 그러나 어느 누구도 호객
행위를 하지 않았다.

　이들의 최대목적이 물건을 파는 일에 있을 터였지만 그것은 또 다른 목적과는 별개의 문제로 보였다. 그들의 또 다른 목적은 그저 쉐지공앞에서 하루 종일 부처의 말씀을 되새기고 기운을 얻는 것이라고 보아도 좋을 법했다. 황금빛으로 빛나는 쉐지공은 그러나 바간의 흐린 날씨아래에서는 그 찬란하고 폭발할 것 같은 황금빛을 많이 숙여야했다. 흐린 날씨는 당연히 주변을 먹구름으로 뒤덮었고 파란하늘 아래에서 응당 본 모습과 빛을 발현했어야 할 쉐지공에게는 치명적인 조성이었다.

　탑에는 상단까지 섬세하지만 조금은 인위적인 문양과 조각들로 마감되어 있었다. 11세기라는 지금으로부터 천 년에 가까운 시기에 만들어진 것이지만 너무 깔끔하게 다듬고 말끔하게 칠해진 황금색은 약간의 거리감마저 불러 일으켰다. 오래되었으니 그냥 세월의 흔적을 뒤집어쓰고 있으라는 일방적인 주문도 섭섭하지만 쉐지공은 확실히 미용적인 수리를 너무 많이 했다.

저녁시간은 숙소근처의 후지식당에서 선배님과 함께했다. 주문한 볶음밥은 마치 작은 바가지를 엎어 놓은 것 같이 푸짐했다. 몇 년 전에 선배님은 이라크에 전쟁이 한창이던 시기, 이라크로 출장을 가야만 하는 상황에 놓이셨고 결국 어렵게 비자를 획득, 국경을 넘으셨다고 한다. 긴장감 가득한 시기에 요르단에서 육로로 국경을 통과한 선배님은 밤 사막을 넘을 때 땅을 제외한 모든 곳에서 빛나고 반짝이던 별들을 잊을 수가 없다고 하셨다. 그때 그 별들이 어쩌면 그 이후부터 선배님의 삶을 약간은 바꿔놓았을 수 있다는 생각이 들었다. 벅차하던 선배님은 잠시 얼굴을 들어 그때의 장면을 어디선가 찾으려 했던 것 같다.

별을 모두 본 사람이 세상의 지도자가 될 수는 없을까.

카잔차키스가 그랬다.

"이 세상의 모든 물을 다 보고 떠나라"

물을 별로 바꿀 수는 없을까...

선배님이 계신 숙소까지 배웅하고 돌아왔다. 선배님은 부담스럽다며 중간에 돌아갈 것을 명하셨지만 꼭 밥을 얻어먹은 것에 대한 답례 차원에서의 동행은 아니었다.

얼마후 캄보디아를 다시 갈 예정이고 그때 만일 뵙게 된다면 소주나 한 잔 하시죠.

어둠이 내리고 기온이 내려가 그나마도 많지 않았던 사람들과 사물들이 한꺼번에 사라져버린 냉우의 밤. 그 가로등 아래엔 서서히 비가 내렸다. 빗물기를 머금은 트럭의 바퀴들이 최소한으로 남아있던 흙먼지들을 거두어 가버리고 난 숙소로 돌아와 문을 닫고 불을 끄고 입을 막고 눈을 감고 혼자 남았다. 갑자기 찾아오는 것은 비단, 죽음뿐만이 아니다. 이렇게 쓸쓸하고 적막한 밤은 나를 구석으로 몰아세운다.

음악을 조용히 들었다. 혼자 하는 여행의 밤은 항상 비릿한 추억과 쓸쓸한 과거와 눅눅한 회상을 안기 마련이다. 그나마 남아있는 그것에게라도 감사해야할 정도로 혼자 있는 밤의 빈공간은 언제나 완벽하게 아무것도 없다. 과거와 현재 그리고 미래에 걸쳐진 삶을 살고 있지만 난 확실히 과거에 대한 그림자를 너무 많이 끌고 가는 편이다. 과거를 안고 사는 사람이 미래를 보기나 할런지. 그래서 난 현실에서의 여행에 충실하고 싶은 가보다.

특이하게도 오지 오스본의 Believer를 듣고 운적이 있다는 어차피 랜디의 기타가 이유였겠지만 후배가 보내준 여러 곡들 중 스티비 레이본의 곡을 골랐다. 모두가 앞 다투어 떠나간 마당에 조금 일찍 떠나갔다고 해서 이상

할 것이 없는 스티비였지만 비가 오는 바간과는 정말이지 마음껏 어울렸다. 그의 기타는 여전히 물방울 위를 뛰는 것 같았다.

비와 블루스. 아름답지만 배고픈 두 거장이 만났다.

간밤의 비는 이렇게 비가 내려도 좋을까하고
잠결에 혼잣말로 되물어볼 정도로 많이 왔다.

옆 건물의 함석지붕에 떨어지는 빗소리는 피아노의 49개 건반 중 맨 오른쪽의 가녀리면서 위태로운 건반소리와도 비슷했다.

숙소에서 제공하는 아침을 먹고 에야와디 강으로 산책을 나섰다. 미얀마의 거의 모든 숙소에서는 기본적으로 계란과 토스트 두 쪽, 커피 그리고 몇 가지 과일과 오렌지 색깔이 아름답기 그지없는 분말주스로 구성된 아침을 제공해준다.

강 쪽으로 가는 길은 별 다르지 않았다. 산책은 원래 그런 길을 고르는 것이다.

질척이는 길은 안정감이 있었고 곳곳에 패언 물웅덩이를 지나갈 때 모든 차량과 자전거는 속도를 늦춰 보행자의 안전을 우선적으로 염려했다. 덕분에 계속해서 잠시 기다리는 시간을 가져야했던 나라에서보다 산책시간은 짧게 느껴졌다. 마주치는 사람들에게 무턱대고 밍글라

바를 소리 높여 외칠 수는 없었지만 간간이 건네는 인사에 거의 모든 바간사람들은 미얀마스러운가히 이 표현은 세계적인 표현으로 쓰여도 좋지 않을까 웃음으로 응대했다. 당장 어머니를 모시고 병원으로 뛰어갈 정도가 아니라면 웬만하면 웃어주는 것이 미얀마 사람들이다.

근처의 작은 마을들과 또 멀리 다른 몇몇 도시들로 떠난다는 선착장
이 있는 강은 많이 더럽혀진 강가의 분위기로 인해 호젓한 분위기가
많이 깎였다. 저 멀리 히말라야에서부터 발원해 이곳까지 먼 여정을
오는 에야와디 물을 환영하는 자리라고는 할 수 없었다. 떠나고 돌아

오는 인생사의 대명제에서 유추되는 낭만이나 비극 따위는 없이 그저 엉망으로 더럽혀진 강 주변은 어제부터 잔뜩 찌푸린 하늘과 겨우 맞출 만 했다.

어제 그렇게 자신의 호스카를 이용해 달라고 떼를 썼던 출라는 오지 않았다. 대신 미얀마의 씹는담배인 꿍야Kunya로 인해 이빨모두가 붉은 색으로 아름답게 채색 된 쑈어라는 친구가 왔다. 다행히도 어제 바간 거리를 걷다가 만난 한국인 처자 김 그리고 그녀와 함께 만달레이에서 내려 온 일본인 조지와 함께 호스카 투어 인원을 미리 섭외해 두었었 다. 조지는 일본인이냐는 나의 물음에 '이스트 아시안'이라고 답했다. 왠지 아주 좋은 표현인 것 같았다. 그녀가 알아 온 투어의 금액은 12,000짯. 하지만 어제부터 투어를 15,000짯에 예약해 두었기에 지금 당장 쑈어보고 돌아가라고 얘기할 수는 없었다. 결국 15,000짯에 투어 시작. 게스트하우스 앞에 있던 다른 호스카 주인은 나와 아무런 말을 섞지 않았음에도 투어를 하기 위해 떠난 나를 향해 아주 친절하게, 가 운데 손가락을 핀 후 적의에 가득 찬 억양으로 "Fuck You!!!!!"를 날렸 다. 김과 조지에게 물으니 자신들도 모르는 사람이라고. 나는 무엇을 잘못했기에 저런 욕설을 들어야 했을까. 김과 조지에게 양해를 구하고 일반적인 루트가 아닌 다른 루트로 돌 것을 설득했다. 김에게는 조금 미안했지만 조지는 일찍 돌아와야 해서 그 때문에 투어를 일찍 앞당겨 야 하는 것이니 어차피 이해관계는 비슷했다. 김에게는 호스카의 앞자 리를 내어 주는 것으로 균형을 맞췄다. 유명한 파고다를 도는 일반적

인 루트는 사실 자전거로 충분히 커버가 가능한 곳이라는 생각이 들었고 김과 조지는 어느새 모든 일정을 나에게 맡긴 채 바간의 명물 호스카 투어를 만끽하고 있었다. 쑤어와 함께 앞자리에 탄 김은 바간 뒷길을 달리자 거의 일 분에 한 번꼴로 환호성을 질렀다.

행복하다는 것을 정확히 알고 있는 것 같았다. 비는 계속해서 오고 있었지만 나리는 수준이어서 운치만 더할 뿐이었다.

바간에서는 이렇게 가랑비가 내려야 했고 하늘은 빈틈없이 회색으로 메워졌다.

비 내리는 경주 보문의 벚꽃이 나의 눈 끝 어디에선가 어렸다.

빗줄기가 오락가락하는 냥우의 뒷길을 달려 이자가 나zagaw-na라는 작은 사원을 들려 두 번째 들린 곳은 떼욕 삐Tayok Pye 사원이었다. 몽고의 침략으로 피신한 왕에 의해서 세워진 떼욕 삐는, 일반적으로 일몰이 유명하다고 명성이 자자한 쉐산도Shwesandaw 파고다가 있었지만 난향의 사장님께서 숨겨진 일몰의 명소라며 추천해 주신 곳이다. 하지만 비가 오는 바간에서 때 이른 일몰은커녕 당장 거세지는 빗방울부터 피해야 했다.

비가 오는 가운데 많은 것을 기대하기란 쉽지 않았다. 하지만 바간에서 탑 위로 오를 수 있는 몇 개의 사원 중 하나라는 떼욱삐를 지나칠수는 없었다. 바간의 아름다움이 결정되는 곳은 각각의 파고다에 있는 것이 아니라 바간 전체를 볼 수 있는 탑의 정상일 것이다.

비오는 바간의 대지위로 조밀하게 솟아난 탑들이 마치 퍼즐처럼 배치되어 있다. 계단을 통해 올라 공기 중에 섞인 비를 마음껏 마셨다. 어디선가 아주 오랜 옛날의 돌가루 냄새와 흙냄새 그리고 정확히 기억

해내지 못한 꽃가루 냄새도 났
다. 어쩌면 그것은 이른 봄의 냄
새였을 지도 몰랐다. 비슷한 기
분을 예전 멕시코의 치비찰툰이
라는 피라미드 위에서 느껴본
적이 있다. 비가 오는 것은 많이
불편하지만 가만히 냄새를 맡아
보면 그 옛날의 거의 모든 것이
라고 해도 좋을 냄새들이 땅 밑
에서부터 꽃 피듯 퍼진다.

　비가 오는 한가한 유적지.

　이 맛을 진즉에 알아버렸다면 학생시절부터 나의 진로가 바뀌었을
것인데.

바간의 전부라고 해도 좋을 드넓은 평원에 셀 수도 없이 많은 탑들이 조용히 가만히 그리고 얌전히 서 있다. 잘 알려진 대로 미얀마 최초의 통일왕국인 바간은 캄보디아의 앙코르와트 그리고 인도네시아의 보르부두르와 함께 세계 3대 불교유적지라고 한다.

사원 안에서 그림을 파는 청년이 다가와 자신이 그렸다는 그림을 사 줄 것을 종용했지만 그런 일정은 나에게 없었다. 물감이 묻어있어야 할 그의 손가락은 마치 석탄으로 그림을 그리는 화가의 손처럼 새까맸다. 그림을 팔아주면 좋았겠지만 내가 필요 없는 이상 그 그림은 제대로 된 가치 없이 그냥 버려질 가능성이 많을 것이라는 것은, 핑계였다.

떼욕삐 앞에는 '세 개의 탑'이라는 뜻의 퍼야 똥 쥬Paya Thone Zu가 있었고 탑 불라Tambula 템플도 있었다. 질척이는 길이라 서둘러 둘러보고는 호스카로 돌아왔다. 쑤어는 잠시 벗어놓은 나의 모자를 천연덕스럽

Paya Thone Zu

고 자연스럽게 쓰고 있었고 다시 돌아온 김을 뒷자리로 보내달라며 나에게 눈짓을 했다. 젊은 여성이 옆에 타는 것이 많이 부담스러웠나보다.

점심을 소수 민족의 민속마을인 민난투 Minnanthu 마을에서 해결하고 다시 마차에 올랐다. 꽤 많았던 서양 여행객들을 치루고 난 모양인지 우리에게는 모두 안 팔아도 그만이라는 듯 심드렁했다. 그들에게 웃음을 띠며 땅콩을 더 부탁하고 있는 내가 싫었다.

쑤어는 다시 조지를 뒤로 보내더니 김보고 옆에 앉으라고 한다. 젊은 여성이 자신의 옆자리에 앉는 것에 대해 끊임없이 갈등했던 쑤어는 드디어 필생의 결정을 했나보다.

다시 시골의 흙길을 달렸다.

말을 몰 때 아주 야릇하고 마치 신음과도 같은 소리를 내던 쑤어를 따라 우리 모두 합창을 했고 그 쪽 강국의 나라에서 온 조지가 역시 가장 비슷한 소리를 냈다.

도쿄에서 온 컴퓨터 관련 일을 하는 조지는 자이언츠를 좋아하냐는 물음에 야구자체는 모르지만 요미우리 자이언츠만 싫어한다고 했다. 우익성향의 거대 신문재벌인 요미우리로 인해 일본 국민들은 한국과 중국과의 관계를 원치 않게 싫어해야 하는 것 같다고 말했다. 하지만 나는 그의 말을 진심으로 듣지는 않았다.

다시 본격적인 사원 순례이다.

마차를 타고 도착한 곳은 담마양지 파토Dammayangyi Phato

완성이 되었다면 바간 최대의 파고다로 남겨질 수 있었으나 아쉽게 도 미완성이라는 타이틀이 붙은, 1167년 건립된 바간에서 가장 웅장한 사원. 이를 건립한 바간왕조 최고의 폭군으로 명성이 높은 나라투 왕 Narathu/1160-1165은 아버지인 알라웅 시투Alaung Sithu/1113-1160왕과 동생, 아내까지 죽이고 왕위를 찬탈하였고 왕위에 오르기까지 저질렀던 그 처절한 악행과 살육을 참회하기 위해 만들었다고 한다. 벽돌사이로 바늘 한 개만 들어가도 인부와 관련자들을 죽음으로 내 몰았다는 나라투

Dammayangyi
Phato

는 인도 태생인 부인의 아버지가 보낸 자객으로 인해 암살의 최후를 맞는다. 이 독특한 역사와 잘 짜여진 건축물이 아직 크게 알려지지 않은 것으로 보아 미완성이라는 타이틀은 '저주받은 미완성의 걸작'이라는 별칭으로 다시 불려 져야 하겠다.

Dammayangyi
Phato

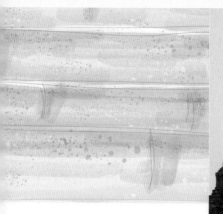

탓빈뉴Thatbiynnyu

바간에서 가장 높은 61미터 높이의 파고다.

아난다를 지시한 건축광 징짓따의 손자이자 나라투의 아버지인 '내세의 부처' 라는 뜻의 알라웅 시투에 의해서 건립되었다.

일반적인 바간왕조의 파고다와 달리 이 탓빈뉴는 미얀마 남부의 몬족 영향을 받아 내부가 넓은 형식이어서 보다 풍성한 빛을 받아낸다고 한다.

Thatbiynnyu

Thatbiynnyu

　　어제 들렀던 아난다 퍼야에서는 잠시 쉬기로 했다. 비가 내리는 바
간은 조금 추웠고 맨발로 계속 돌아다니기에는 컨디션이 안 좋았다.
　　비가 와 다 젖어버린 호스카 뒷자리역시 추웠지만 비와 바간의 조합
은 어쩌면 그 유명하다는 선셋과 바간보다도 균형이 잘 맞았다.

마하보디
Mahabodhi Pagoda

갑자기 강렬하게 해가 나타났고 우리는 주술적인 분위기가 감도는 마하보디로 향했다. 마하보디는 바간에 있는 여타 파고다들과는 아주 다르고 독특한 모습으로 싯다르타가 깨달음을 얻은 도시인 인도 보드가야의 마하보디 파고다를 모델로 만들어졌다고 하며 인도 본토의 마하보디 사원이 방치된 채 버려져 있다는 소식을 들은 한 왕이 네 차례의 개보수를 단행, 현재의 모습으로 이어져 오고 있다고 한다. 1975년 바간 지진 때 다시 무너진 것을 미얀마 국민들의 자발적인 기부금으로 원래의 모습을 다시 찾게 되었다는 마

Mahabodhi
Pagoda

Mahabodhi
Pagoda

하보디. 앞서 언급되었지만 바간의 파고다들은 범접할 수 없는 불심으로 만들어진 순수하고 자발적이며 압축된 결과물들임에 틀림없다.

한 눈에도 인도 힌두의 영향을 받은 외관은 아마 머지않아 가고 말 남인도에서 수없이 볼 수 있는 양식들의 광고였다.

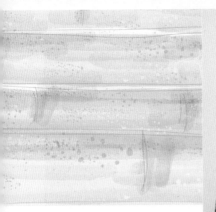

틸로민로
Htiiominlo Pagoda

어제 아껴두었던 틸로민로.
2층으로 구성된 틸로민로
에는 아난다나 다른 여타의
사원과 마찬가지로 사방 네
군데에 부처상이 모셔져있
다. 대체적으로 아난다가 가
장 아름답다고 알려져 있으
나 개인적으로 아난다보다는
담마양지 그리고 담마양지를
넘는 것이 바로 이 틸로민로
라고 생각한다. 또다시 어두
워진 배경의 하늘에서 더욱

Htiiominlo
Pagoda

존재를 드러낸 틸로민로는 파고다라고 보기 어
려운 외관에서 먼저 선을 달리했다. 전문가적인
지식은 없지만 불교와 힌두 그리고 예전부터 있
어왔던 바간 자체의 토속신앙과 먼 미래마저 세
밀하게 흡수해버린 듯한 모습이었으며 주위의
모든 풍경과 사물들을 없앤다고 하더라도 마지
막까지 그 자리에 버티고 있을 것 같은 묘한 존
재감이 있었다. 궁전이나 파고다라기보다는 바
간에서 두 번째로 높은 '우산의 뜻대로'라는 의
미의 고성 그리고 그보다 마법, 더 나아가 하나

의 작은 산.

조금 일찍 3시 반에 투어가 끝났다. 원래 투어는 다섯 시까지로 되어있었지만 조지가 다섯 시 버스로 양곤으로 내려가기 위해서는 그 시간에 맞춰야 했다. 이미 알고 있었고 일몰의 가능성이 제로로 사라진 마당에 억지로 말의 기수를 다시 올드 바간으로 돌릴 수는 없었다. 김과 나는 조지를 보내고 당연하겠지만 세계에서 유일하다는 타나카 박물관으로 향했다. 버스 터미널 근처에 있는 박물관은 그러나 큰 특색이 있는 곳은 아니었다. 차라리 이름 없는 파고다에 한 번 더 올라가보는 시간이 낮지 않았을까.

아주 씩씩하며 주관이 곧고 긍정적인 여성인 김은 내일 새벽 인레Inle로 떠난다고 했다. 김과 저녁을 먹으며 이런저런 얘기를 나누었다. 한국의 젓국 냄새가 나는 발효된 젓과 채소로 만든 시큼한 국 그리고 두어 가지 반찬과 두 조각의 닭고기와 역시 두 조각의 돼지고기가 나온 미얀마

정식을 시켰다. 처음으로 접해보는 미얀
마 맥주로는 만달레이 비어를 택했다. 주
인장이 초록과 빨간색 두 병을 가지고 와
어느 것을 선택할지 물어보았고 좀 더 강
렬한 색인 빨간색을 선택했다. 개인적으
로 맥주를 거의 마시지 않지만 만달레이
맥주는 기대이상으로 맛이 좋았으며 약간
Beck's의 느낌이 났다. 안다만이라는 맥
주도 시켰는데 맥주에 물을 탄 것이 아닌
물에 맥주를 조금 탄 것 같은 맛이었다. 이
제까지 마셔본 맥주 중에 최악의 맛.

Tanaka
Museum

등산과 음악을 특히 좋아하는 김은 한
국의 많은 산악인들이 그렇듯 설악산과
지리산을 최고의 산으로 꼽았으며 그 중
설악에 좀 더 많은 점수를 주었다. 말미의
음악 이야기에서는 자미로 콰이와 뜻밖에
뉴 키즈 온 더 블록을 자신의 최고 음악들
에 올렸고 나는 음악과 유일하게 같이 가
는 것이 추억이라고 생각하고 있기에 당
연하다고 생각했다.

매년 겨울을 마감하러 떠나곤 했던 강

원도에 인구라는 곳이 있다. 주문진과 속초 중간 즈음에 있는 알려지지 않은 작은 바닷가 마을이다.

예전에는 바다 쪽으로 나 있었다는 섬 이름 때문에 죽도라고도 불리는 인구에는 고향민박이라는 민박집이 있었다.

지금 살아 계신다면당연히 그러셔야겠지만 여든은 가까이 되실 할아버지와 할머니가 언제나 나를 반겨주었고 어부이신 할아버지는 새벽에 그물을 걷으러 가실 때마다 일을 도운다고 따라 나온 나를 어여삐 여겨 아침부터 엄청난 회를 썰어주시곤 하셨다. 이십 여 년 전부터 겨울의 죽도행은 나에게 한 해의 마감처럼 정해진 일이었고 언젠가부터 삶의 여유가 없어진 나는 죽도를 그저 그리워만 하는 고향 같은 곳으로 알며 살아왔다.

강릉이 고향이며 외할머니의 고향이 인구라는 그녀가 그런 죽도의 고향 민박집을 알고 있었다. 갑자기 순간적인 감정들이 한꺼번에 밀려와 진심으로 그녀에게 청혼을 할 생각까지 했지만 거기까지였다. 미얀마를 마치고 한국으로 돌아가면 겨울이다. 올 겨울의 마지막은 이미 정해졌다.

나의 죽도. 그 한적한 겨울바다의 끝.

나는 내일 뽀빠산Popa Mountain으로 간다. 바간을 일찌감치 마감하고 그녀를 따라 인레로 가기에는 바간의 그림자가 아직은 너무 짙다.

언젠가 강원도 인구 바닷가에서 한 번 만나기를.

어제 김과의 저녁에서 시켰던
미얀마 정식은
거의 손도 대지 않았었다.

거의 한국의 물가수준에 맞먹는 가격에 일부 음식은 불필요했고 또 양도 적었다. 같이 나온 비릿한 음식들 때문에 아직도 입안이 텁텁하다. 한국을 처음 방문한 외국인이 새우젓 시래기찜을 홍어에 싸서 청국장과 함께 먹을 수는 없을 것이라고 위로했다. 상당히 이른 다섯 시 반에 일어나 숙소의 스텝들이 모두 로비에서 잠을 자고 있는 가운데 조심스럽게 새벽의 문을 열고 무작정 낭우의 거리로 나왔다. 의미 없이 불이 커진 몇 군데의 가게와 이제 바로 막 문을 열어 청소를 시작하는 식당을 지나 지금 당장 개업을 했다고 해도 좋을 정도로 불이 번쩍거리는 식당을 한 곳 발견했다. 아무도 없는 손님에 비해 식당에서 일하는 종업원은 열 명 가까이나 되었다. 당장 가능한 음식은 또다시 국물이 없는 국수. 또다시 남겼다. 소문과는 다르게 나는 미얀마 국수에 계속해서 실패만 거듭하고 있다. 다시 아무 느낌 없이 숙소로 돌아와 다시 잠을 청했고 정확히 무엇을 했는지 모를 좀비 같은 새벽이 지나갔다.

  뽀빠산으로 가는 대절택시는 35,000짯이라는 소리를 어제 로비에서 들었다. 서양 여행자들 역시 생각보다 비싼 투어금액에 선뜻 결정하지 못하고 돌아섰었다. 바간에서 대략 한 시간 반 정도 거리에 있다는 뽀빠산은 그러나 터미널에서 픽업트럭을 타고 저렴하게 다녀올 수 있었다. 유명한 성지로 가는 차량연결 노선이 택시이외에는 없지 않을 것이라는 생각이 들었고 어제 터미널로 가서 그곳에서 출발하는 픽업이 있다는 정보를 미리 알아두었었다. 픽업트럭은 8시 반 정각에 떠났다. 몇명의 서양인들과 미얀마 사람들이 좁은 트럭내부에 이미 앉아있고 끊임없이 밀려오는 아낙들에게 자리를 내어주느라 그리고 출발 이후부터 대단히 진하고 순도 높은 매연을 마시느라 난 이미 지쳐버렸다. 그동안 바간에서 마셨던 그 좋은 공기를 다 토해내는 심정이었다. 게다가 몇 번이나 공사 중인 길을 지났고 아스팔트를 태울 때의 냄새를 맡는 것은 초반 십여 초의 신기함을 절대 넘지 못했다. 옆 자리에 앉은 체코 여성은 차가 출발한 후 삼십 여분이 넘는 동안 단 한 차례도 쉬지 않고 말을 했다. 그냥 입만 빌리고 있는데 그 안에서 무슨 소리인가가 저절로 끊임없이 터져 나오는 것 같았다. 나는 그녀가 순간 물고기로도 보였다. 많은 미얀마 아낙들이 계속해서 주시를 하고 이탈리아 커플이 어느 순간부터 대꾸도 안하고 있음에도 거의 그녀는 사명감을 가지고 있다고 해도 좋을 정도로 떠들어댔다. 자신이 이 세상에 태어난 이유가 오로지 이것 때문이라는 신념이 있는 것도 같았다. 이 좁고 탁한 공간에서 진정 새 생명의 빛이라도 본 것일까. 환희에 가득 찬 그녀의 막판은 거의 절규에 가까웠다. 그녀는 심지어 자신에게 박수도 쳤다.

중간 중간 새로운 승객들이 점점 늘어나자 차장이 나에게 신호를 보낸다.

'올라갈래?'

'물론'

난 말보다 앞서 몸이 먼저 움직였고 곧 그 공간에서 해방되었다.

바간을 어느 정도 벗어나자 맑고 화창한 날씨가 이어졌다.

차량 지붕에는 이미 너 댓의 남자들이 앉아있었다. 손잡이가 딱히 있는 것이 아니어서 고작 지지대나 다른 물건의 끈 정도만 부여잡고 몸을 지탱하며 달려야 했지만 내부에 있었다면 보지 못했을 바깥 외곽의 들판이며 산이며 하늘이 마음껏 넓게 펼쳐졌다. 운전수와 차장은 언제나 지붕에 올라앉아 있는 승객들에 대한 안전을 염두에 두고 있는 것처럼 운전했다. 코너를 돌 때는 조심스러웠고 정차를 할 때 역시 크게 소리를 질러 주위를 환기시켰다. 파고다를 부정하게 되서 미안하지만 바깥 최대의 포인트는 감히 이 구간에서 픽업트럭 위에 앉아있는 것이라고 해야 할 것이다. 계속해서 지붕위의 사내들이 내리고 드디어 거짓말처럼 그 공간에 나만 남겨졌다. 모든 것이 내 것이 되었다. 만일 우주에서 지구를 들여다본다면 나 혼자만 보일 것 같이 난 혼자가 되어 천공天空의 성위에 서 있는 것 같았다.

멀리 뽀빠산이 보인다.

무려 기원전 400년대에 대지진으로 생겨난 737미터 높이의 산에서 떨어져 나온 특이한 모양의 이 기생 화산은 불교가 유입되기 이전부터 미얀마의 정신을 지배한 정령신앙인 '낫Nat'의 총본산이고 그래서 성지가 되었다.

두 시간 만에 도착한 나를 격하게 반긴 것은 뜻밖에 원숭이 떼였다. 개인적으로 원숭이는 분명 과대평가되고 있다는 생각이 깊어 쥐만큼 아주 싫어하는 동물이다. 놈들은 엄청나게 탐욕스럽고 대단히 이기적이며 생각보다 거칠고 공격적이다. 인간이 먹는 모든 음식을 먹어치워

생각보다 은근히 먹지 않는 것이 많은 개와는 확실히 비교되며 가끔은
인간들이 지닐만한 얼굴들을 표정화하여 과연 징그럽기까지 하다. 민
첩하고 상황판단이 좋으며 생각보다 힘도 세고 도구마저 이용할 줄 아
는 잊혀진 인간의 라이벌이자 가장 많은 거품을 가지고 있는 그 부인
할 수 없는 이상한 동물 원숭이. 사람들은 벌써부터 원숭이들이 채가
는 과자봉지며 음식에 기겁을 하고 있는 모양이다. 처음에는 재미있고
심지어 귀엽다고 다가가지만 글쎄.

　앞으로 놈들을 달리 생각해 줘.

　냥우로 돌아가는 픽업트럭은 한 시 반. 세 시간 정도의 시간이 있다.

　뽀빠산의 정상에 오르기 위해서는 빼곡하게 이어진 계단을 올라야 했지만 한 번 정도 쉬고 나서 오를 수 있는 수준이다.

　정상에는 미얀마 정령신인 낫 37위의 상이 모셔져있다.

　뽀빠산이 샤머니즘의 본향으로 알려지게 된 것은 지금으로부터 약 1,500여 년 전의 일이라고 한다. 띤리짜웅이라는 왕이 인근 소수 민족을 통합해 띠리비자야라는 왕국을 건립하고 부족 융합정책의 일환으로 당시 각 지역의 정령신인 낫을 통합해 '마하기리' 라는 우두머리 낫을 세워 뽀빠산에 그 영정을 모시면서부터인데, 이와 관련된 슬픈 이야기가 전설로 남아 아직도 이 지역에 회자되고 있다.

　때는 미얀마 최초의 왕국 떠가웅 시절, 뽀빠산에는 응아띤데라는 괴력을 가진 대장장이가 살고 있었다. 그 힘이 얼마나 대단했던지, 당시의 띤리짜웅왕은 그가 권좌를 찬탈할 것이라는 두려움에 떨고 있었다. 그러던 어느 날 왕은 군대를 보내 응아띤데를 잡아들이기로 마음먹는다. 그러나 사실을 미리 알아 챈 응아띤덴은 재빨리 뽀빠산 깊은 곳에 숨어 버리고, 세속과의 인연을 끊어버렸다. 응아띤덴이 사라졌지만 그러나 왕은 안심을 하지 못했다. 언제 그가 다시 모습을 드러내 자신의 자리를 찬탈할지 모른다는 두려움이 좀처럼 가시지 않았기 때문이다. 결국 왕은 계략을 꾸미기 시작했다. 대장장이의 누이동생인 쉐뮈엣마를 부인으로 맞이해 그를 함정으로 유인하기로 한 것이다. 누이동생의

결혼 소식을 듣고 안심하고 산을 내려 온 응아띤데는 결국 왕이 쳐 놓은 함정에 빠져 사로잡혔다. 응아띤데는 나무에 묶여 화형을 당하게 되고, 누이 동생인 왕비 쉐뮈엣마도 자신의 어리석음을 한탄하며 불에 몸을 던져 자살을 하고 말았다. 그 후 남매가 죽음을 맞이했던 나무에는 저주가 내려졌다. 남매의 한이 서려 있어서인지 나무 그늘에 앉았던 짐승이나 사람들은 모두 목숨을 잃었던 것이다. 무서움을 견디다 못한 백성들은 결국 힘을 모아 나무를 이라와디 강에 던져 버렸다. 그때 마침 통일 왕국을 완수하기 위해 노력하던 띤리짜웅왕이 그 지역을 지나다 이 모습을 우연히 보게 됐다. 왕은 이라와디 강에서 나무를 다시 주워 남매의 형상을 그대로 깎아 뽀빠산 정상에 사당을 세워 그들의 넋을 위로했는데, 이것이 오늘날 뽀빠산이 미얀마 샤머니즘의 본향으로 불리게 된 연유다.출처-법보신문

미얀마에서는 내세의 안녕과 평온을 위해 부처님과 승가에 끊임없

이 보시를 하고 현실의 곤궁함과 힘든 삶은 토속신앙인 낫에게 의지하는 엄격히 다른 두 가지의 이분법적인 신앙이 자연스럽다고 한다.

　정령신들의 모습을 카메라에 담았다. 이유는 모르겠지만 예전 페루를 여행할 때 들렀던 고산지대 마을사람들과 비슷한 느낌이 났다. 초록의 가운을 걸친 어느 낫은 너무나 표현이 세심하고 사실적이어서 솔직히 제대로 쳐다볼 수 없을 정도로 무서웠다. 음영이 가신 몇몇의 얼굴에서는 곧바로 어떤 식의 미소라도 보일 것 같았고 굳게 잠긴 입술은 일방적인 지시를 막 마치고 돌아선 군주처럼 순간적으로 차가웠다. 눈동자는 보는 듯, 보지 않는 듯 일부러 초점을 흐리게 한 것도 같았지만 기본적으로 매우 깊었다. 미얀마인들이 입는 현실의 화려한 의복을 걸쳐놓았기 때문에 생생한 사실감은 이루 말할 수 없었다. 절대 폄하하는 표현이 아니라는 양해를 구한다면 진

정 마네킹의 결정체라고 해도 좋을 것이고 그것을 마네킹 예술이라는 새로운 사조로 만들어도 훌륭한 아이디어라는 생각이 들었다. 특별히 대단한 영감을 받은 것은 아니지만 미얀마, 특히 북부에 남아있는 특별한 낮의 모습을 보기 위해서라도 뽀빠산 투어는 가치가 있는 것 같다.

다시 트럭을 타고 바간으로 향하고 있는 한적한 차 지붕으로, 절대 그러지 말기를 바랐던 체코여자가 올라왔다. 나에게 몇 번에 걸쳐 대화를 시도했으나 적당한 시점에서 대화를 원천적으로 차단할 수 있는, 그대로 누워서 자는 척을 하며 가는 방법을 택했다. 그녀는 아까의 물고기 같던 모습은 어디론가 내팽개치고 이제는 주인이 외면해 버린 고양이 같은 모습으로 순간 변신했다.

아마 이 구간에서 미얀마에서 맞을 수 있는 바람은 거의 다 맞은 것 같다. 잠시 정차를 했던 나무 밑에서 난 심지어 낮잠도 잔 것 같았다. 눈을 떴을 때 바로 눈앞에서 반짝반짝 빛나던 나뭇잎들을 어찌 잊을 수 있을까. 그 사이를 비집고 들어와 얼음의 결정처럼 내 눈 앞에서 눈꽃처럼 내리던 그 햇빛도.

난 행복하다고 조심스럽게 혼잣말을 했다. 그리고 대상이 누구인지는 모르겠지만 자연스럽게 이 말도 한 것 같다.

보고 싶다고.

냥우에 도착해 맥주와 치킨을 사서 냥우거리가 내려다보이는 이층에서 오후를 즐겼다. 난 확실히 혼자서도 잘 노는 편에 속하는 사람인가 보다. 싱가폴의 맥주라는 타이거와 미얀마 맥주인 미얀마 비어를 샀는데 미얀마 비어는 명성만큼 대단한 맛을 지니지는 않았다. 어디선가 들은 세계 5대 맥주에 미얀마 비어가 든다는 것은 미안하지만 가당치도 않은 개인적인 얘기였을 것이다.

뽀빠산과는 달리 아직도 어두운 하늘을 지고 있는 바간.

난 하루를 더 묵을 생각이다.

*

오늘도 아침부터 로터리 주차장에서
서성거리며 하루를 시작했다.

냥우거리의 숙소들을 탐방하는 시간을 가졌지만 무려 25불이나 하

는 허름한 여행자 숙소도 있었다. 바간의 물가수준과는 너무나 동떨어진 숙소거품은 언젠가 바간의 발목을 잡을 것이다.

오늘은 뉴 바간쪽으로 행선지를 잡았다. 다시 픽업트럭에 오르고 역시 지붕위로 뛰어 올라갔다. 지붕위에 있는 사내들끼리는 무언의 연대감마저 있는 것 같았다. 빼곡하게 실린 생필품들 사이로 안전하게 몸을 끼우고 더할 나위 없는 바람을 맞으며 뉴 바간으로 달렸다. 오늘에야 비로소 바간의 하늘은 맑아졌다.

이름에서 느껴지는 뉴의 이미지와는 달리 뉴 바간은 무척이나 한적했다. 정부에서 올드 바간을 대대적인 관광지로 조성하면서 그 일대에

살던 사람들을 강제로 옮겨 가도록 한 급조된 마을인 셈이다. 적지 않은 수의 럭셔리 호텔들이 있기는 했지만 전체적으로 콘크리트 건물들은 별로 없고 전통양식의 가옥들만이 뉴 바간을 그런대로 마을이라고 증명해 주고 있었다.

강가로 나가보았다.

멀리 강 건너편 모래언덕으로 두세 채 정도의 집들이 보이는 것 이외에는 모든 장면에서 사람들이 사라져버렸다.

고요하게 강물이 흘러가는 가운데 난 갑자기 닥친 거대한 평온함에 주체할 수 없을 정도로 휘청거렸다. 뉴 바간은 그런 곳이다. 사람이 많다고는 볼 수 없지만 삶의 현장이 느리게라도 진행되는 냥우의 거리,

BAGAN

어디를 가도 외국인들을 만날 수 있는 올드 바간의 유적지, 그 속에서 뉴 바간이 조용하게 솟아 오른 것 같았다. 아마 바간이 내 이번 미얀마 여행의 말미에 놓였더라면 난 모든 것을 접고 이 뉴 바간에서 미얀마 여행을 마감했을 것이다. 때로는 황량하게, 때로는 고즈넉하게 보이던 냥우의 숨겨진 포인트인 뉴 바간.

강가에 앉아 멀리 지나가는 배를 보는 것으로 시간을 보냈다.

갈대숲이 있었더라면 더 좋았을 것을.

Law-Ka-Nan-Da
Pagoda

자리를 털고 남쪽 끄트머리에서 빛나던 사원으로 향했다.

이름은 라카난다 퍼야Law-Ka-Nan-Da Pagoda. 1059년에 당시의 아나라타
Anawrahta1044-1077 징짓타왕의 형이다. 왕에 의해서 세워진 이 파고다는 아난
다와 마찬가지로 부처의 모조 치사리를 안치했다고 하며 특유의 길쭉
한 원통 형태로써는 최초의 모델이었다고 기록되어 진다.

조용한 강가에 있는 사원으로는 쉐지공과 다르지 않았지만 그쪽이
약간 상업화된 것 같은 느낌이 있다면 이쪽은 강가에 있는 파고다의

이미지를 거의 그대로 재현하고 있다. 이런 파고다가 셀 수 없이 많으니 이런 곳을 날마다 올 수 있는 미얀마 사람들이 그렇게 웃으며 살 수밖에.

애초에 미얀마로 올 때부터 사진으로 본 바간의 장대한 파고다 무덤

들은 이미 이곳을 중점적으로 보겠다는 다짐을 할 정도로 느낌이 강했

었다. 오늘은 그제 투어 때 놓친 작은 파고다들을 순례하는, 마치 탑들

이 수 없이 놓인 퍼즐판에서 마지막 조각을 완성하듯 온전히 나만의
개인적인 답사일이다.

부담 없이 민예공과 고도 삘린 그리고 몇 개의 작은 파고다들을 거
처 바간을 정리하는 차원에서 올드 바간의 박물관으로 향했다.

박물관은 물론 사진기를 들고 들어갈 수 없다. 외국인 5불.

화려하지만 허례가 없는 높은 천장아래 커다란 홀에는 바간왕조를 일으키고 유지했던 역대 왕들의 동상들이 우선 인상적이었다.

부처상의 전시실에는 갖가지 조금씩 다른 자세와 모습으로 만들어진 사암과 청동 그리고 나무와 돌, 석고재질의 부처상이 수백점 전시되어 있었고 Art & Craft홀에는 특이하게 수많은 미얀마 각 부족별 여인들의 다른 머리모양들을 전시하고 있었다. 만일 헤어를 공부하고 있는 사람들이라면 반드시 들려야 할 필수 방문코스라고 확신한다. 전시실에는 아랍인의 얼굴을 한 부처상도 있었지만 더욱 강렬했던 것은 정작 부처로 이루어진 단일 최대의 홀이 아니라, 그 전시실에서마저 신발을 벗고 들어오던 미얀마의 신실한 불자들 모습이었다. 그들은 가능하다면 자신들의 모든 것을 부처의 발밑에 두었다. 목소리는 이미 없었고 표정은 검숙함으로 통일했다. 아이들이라고 예외는 없었다. 녀석들마저 이 자리에서는 어떤 식의 행동을 보여야하는지 알고 있는 것 같았다. 아마 뱃속에 있을 때부터 익숙했던 자리였을 것이다.

자, 바간의 또 다른 핵심인 선셋을 찾아나서야 했다.

선셋으로 유명하다는 쉐산도 사원으로 갈 생각은 원래부터 없었다. 많은 관광객들이 모이는 그곳에서 오늘 나에게 온전히 주어진 하루를 마감할 수는 없었다. 선셋은 그렇게 보는 것이 아니다. 나만의 파고다

를 찾아나서야 했다. 극단적으로 말하자면 바간에서 선셋을 독차지할 만한 사원은 이 천 개가 넘는 셈이니 그럴수록 알맞고 적당한 곳을 찾으려면 서둘러야 했다. 서쪽을 옆에 두고 북쪽으로 올라가고 있었지만 태양은 이미 아래쪽으로 자리를 잡기 시작했다. 올드 바간의 성벽에서 틸로민로를 지나고서는 다시 한동안 평지가 이어졌다.

그저께 지났던 길이었지만 미처 생각지 못했다. 내 바쁜 마음처럼 땅은 점점 더 붉게 물들어지기 시작했고 난 떨 수밖에 없었다. 마치 선셋이 날 쫓아오는 것처럼 난 다급했다. 그리고 한참을 헤매다 드디어

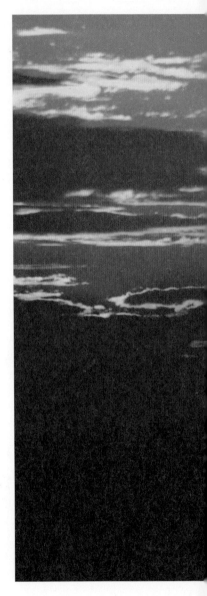

낮은 높이의 이름 없는 아담한 파고다를 발견했다. 십 여 명되는 여행자들이 이미 그곳에 앉아 각자 개인적인 시간을 준비하고 있었지만 더 이상 다른 곳을 찾아 나서기에는 이미 주위의 모든 그림자가 길어졌다.

서둘러 꼭대기로 올라갔다. 미리 와있던 미얀마인이 조심하라며 걱정했고 난 나의 지극히 개인적인 의식을 치루기 위해 침착하게 등정한 후 조심스럽게 앉아 남쪽 산의 끄트머리로 잠겨가는 바간의 마지막 태양을 조용히 환송했다. 그 속에서 나는 눈을 감고 심호흡을 했으며 모든 바간의 냄새를 들이마셨다. 내가 모르는 사이에 모든 것이 유기적으로 움직이던 그 우주의 시간.

사라질 것이라면 아주 가버리지 몇 시간 후면 당신은 또 다시 같은 모습을 하고 우리에게 나타납니다.

무심한 당신이여. 바간에서는 그리고 오늘은 여기서 뜨거운 안녕을.

*

<u>새벽에 온 마을을 울리는 독경소리가</u>
<u>마이크를 통해 나왔다.</u>

잉와의 친절한 스텝인 예예에게 물으니 승려들에게 바치는 도네이
션을 알리는 소리였다고 한다.

아침식사를 위해 아직 아무도 올라오지 않은 옥상에 올라 식사를 마
친 후 어쩌면 바간에서 보지 못했을, 파고다 투어에 참여하는 열기구
들이 조용한 아침에 떠오르는 것을 보며 완전히 바간여행을 마감했다.

쿠바시인인 레이날도 아레나스의 일대기를 그린 영화 '비포 나잇 폴스Before Night Falls'에서 배신한 친구가 열기구를 타고 쿠바를 탈출하려다가 실패해 죽음을 맞는 그 모습처럼, 고요한 아침하늘에 조용히 떠가던 열기구의 모습은 처음 이곳에 도착한 새벽의 모습에서부터 지금까지 이어진 바간썬의 엔딩을 그야말로 영화처럼 끝내주었다. 미얀마와 쿠바는 감정적으로 그리고 지리적으로도 멀지만 같은 군사독재체제 아래라는 핵심적인 뉘앙스는 같았다.

모든 이곳의 파고다들에게 경배를 그리고 실패하지 말고 열기구처럼 당신들이 원하는 만큼 날아가기를.

만달레이로 가는 버스는 일곱 시 반에 숙소 앞에 섰고 난 그동안 친절과 호의를 베풀었던 스텝들에게 인사를 하고 버스에 올랐다. 매일같이 같거나 또 다른 제각각의 여행객들을 맞이하는 사람들에게서는 볼 수 없는 거의 기적 같은 서비스의 마음을 가진 스텝들. 바간의 그리고 미얀마의 얼굴들이다.

작은 마을들 그리고 그보다 조금 큰 마을들을 몇 군데 지나 여섯 시간 반 만에 미얀마의 두 번째 도시이자 이번 여행의 세 번째 방문지이기도 한 만달레이에 도착했다.

만달레이

우베인의 다른이름

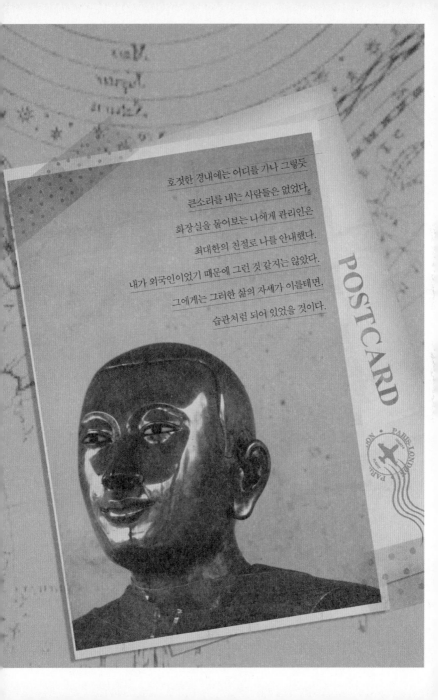

호젓한 경내에는 어디를 가나 그렇듯

큰소리를 내는 사람들은 없었다.

화장실을 물어보는 나에게 관리인은

최대한의 친절로 나를 안내했다.

내가 외국인이었기 때문에 그런 것 같지는 않았다.

그에게는 그러한 삶의 자세가 이를테면,

습관처럼 되어 있었을 것이다.

POSTCARD

솔직히 이렇게
큰 도시인줄 몰랐다.

바간에서 온 나는, 쉽게 얘기해서 바간 촌놈인 나는 이렇게 큰 도시의 풍모를 처음 보았다. 만달레이는 바간보다 확실히 더웠으며 사람들은 양곤에서보다 빨리 걸어 다녔고 표정은 다소 경직되었다. 모든 사람들은 어디에서건 연신 땀을 훔쳤다. 우리는 뒤처져 있기 때문에 빨리 따라잡기 위해선 어쩔 수 없다고 말하는 것 같았지만 그 따라잡을 대상이 누구이며 또 무엇인지는 정작 모르는 것 같았다. 나는 이런 모습을 태어나면서부터 보아왔던 것 같다. 차량과 자전거 그리고 온갖 종류의 소란들이 뒤엉켜 만달레이의 터미널은 자연스럽게 나를 위축되게 만들었다. 그러나 이곳은 기본적으로 미얀마이다. 나는 그것을 마음속으로 믿고 있다.

택시를 타고 만달레이의 시내로 들어왔다. 택시가격은 한참을 흥정해야 했다. 확실히 만달레이의 첫인상은 바간과는, 심지어 양곤과도 다른 느낌이 들었다.

　바간을 떠나오기 이틀 전부터 전화상으로 모든 만달레이의 숙소를 체크했지만 모두 풀이라는 절망적인 상황을 안고 마지막으로 단 한 곳 남아있던 숙소로 오게 되었다. 미얀마 여행시즌의 최고 성수기라 바간에서부터 숙소를 잡지 못했지만 예예의 노력으로 겨우 찾아냈던 그 이름 써바이 퓨. 그 흐릿한 검붉은 초록의 벽이 흘러내리고, 내던져진 것 같던 부서진 침대가 하나 덩그러니 놓여 있던 고립무원의 독방. 숙소가 여행의 첫 번째 우선순위인 나에게 그 방은 심각하게 무리였다. 창틀에 침착하고 친절하게 가라앉은 먼지와 그 방의 오래된 주인인 거미줄들 그리고 어디선가 나던 늙은 고양이의 냄새. 그 방에서 자면 왠지 수명이 단축될 것만 같았고 나는 나를 이렇게 대해선 안 되었다. 다른 방을 물어보았지만 내가 예약한 그 방은 그나마 남아있는 오늘 하루 단 하나의 마지막 방. 선택은 나의 몫. 그러나 그녀가 오히려 선택을 해 주었다. 내가 한국인임을 안 그녀는_{미얀마의 한국에 대한 이미지는 놀랄 정도로 좋다} 한국드라마의 열렬한 팬이라며 당장 방 예약을 취소하고 다른 숙소를 알아보라고 넌지시 일러주었다. 그녀는 고작 한국 사람을 만난 것에 심지어 흥분할 정도로 들 떠 있었다. 다른 숙소를 찾을 때까지 기꺼이 배낭도 카운터에 맡아주었다. 예약을 한 상태에서 바로 앞에서 취소를 해도 되는 것인지는 몰랐지만 그것은 그녀의 조언이었고 충고였고 지시였다. 나는 그 자리에서 하이 톤의 오빠라는 단어를 몇 번이나 들었는지 모른다.

그녀가 그려준 다른 숙소들이 있다는 간단한 지도만 들고 다시 거리
로 나섰다. 숙소문제가 크긴 했지만 어쩐지 급박한 느낌은 안 들었다.
비가 오는 금요일 저녁이었다면 아마 이곳에 묵었겠지.

결국 몇 군데의 숙소를 지나쳐 카운터 매니저의 말에 따르면 역시
마지막 방이 남아있는 나일론 호텔에서 만달레이 여행을 시작하기로
했다. 대중목욕탕 안에 침대를 들인 것 같이 방안에 눅눅한 물 찌꺼기
냄새가 가득했지만 난 그나마 안착한 셈이다.

12불. 훌륭하다고 생각해야 한다.

먼저 근처를 걸으며 거리를 익혔다. 확실히 바간보다 많이 분주했지

만 만달레이는 만달레이 나름대로의 삶이 있었다. 만달레이에서 가장 크다는 쩨조Zegyo 시장을 다녀왔다. 바간보다 천 배는 많은 사람들 그리고 시장의 역사가 90년 가까이 되었다는, 그 속에 뒤엉킨 아주 오래된 관계들 그리고 그것을 삶속에서 자연스럽게 풀어내는 현명한 사람들. 내가 시장을 가는 이유는 그 속에 가면 처절한 삶의 현장을 본다느니 진한 사람의 냄새를 맡을 수 있다느니하는 그런 피상적이고 더없이 상투적인 감정 때문에 가는 것이 아니다. 시장에는 우리가 미처 혹은 의도적으로 알고 있지 못하고 지나가는 거대한 관계들이 촘촘히 조밀하게 얽혀있으면서도 그것들을 유연하고 때로는 간단하게 풀어내고 마는 삶의 대선배들을 만나는 자리가 있기 때문이다. 그런 훌륭한 선

배들을 대단위로 만나는 자리가 인생에서 몇 번이나 가능하겠는가. 그런 멋진 선배들 앞에서 난 두어 번의 흥정을 한 후에 고작 귤 몇 개와 수건 한 장을 사고는 우쭐해하면서 돌아왔다. 나는 이런 감정의 반전 놀이를 즐긴다. 돌아오는 길에 멍하니 노래를 부르며 오다가 철골을 가득 실은 차량의 후진에 그대로 얼굴을 얻어맞을 뻔 했다. 오로지 일 초 정도의 시간과 일 미터의 공간이 나와 트럭의 후미에 놓인 철골에 있을 뿐이었다. 아직도 만달레이는 조금 정신이 없다. 정신을 차리기 위해 숙소 앞에 있는 나일론 아이스크림 집에서 아이스크림을 먹지 않았다면 난 아마 바로 앞의 숙소도 못 찾았을 것이다.

진정을 하고 숙소로 돌아와 일정을 연구하고 저녁은 23가의 중국식 당에서 먹었다. 만달레이로 들어오자마자 서둘러 반드시 무엇을 보고 어떻게 여행을 다녀야겠다는 생각은 자연스럽게 뒤처졌다. 몇 조각의 닭볶음과 채소볶음 그리고 '스타' 라는 이름의 미얀마 콜라와 함께 했다. 모두 합쳐 2,500짯. 스타 콜라는 "Taste of a New Generation!!" 이라는 슬로건으로 1990년 창설된 미얀마 MGS 음료회사의 우울한 야심작이다. 색깔이 간장처럼 맑고 맛은 아슬아슬하게 괜찮은 정도였다. 미얀마에는 스타말고도 Max같은 다른 이름의 자국 콜라들이 있지만 조만간 미국의 포괄적 수출 허가가 양국 간에 이루어져 몇 해 전 리비아와 이라크까지 진출한 것을 감안하면 전 세계에서 코카콜라가 진출하지 못한 나라는 현재로써는 쿠바와 북한 두 곳으로 남는다.

숙소로 돌아오니 동양계의 여성 세 명과 세 명의 백인남성이 로비를 장악했다. 호주에서 온 그녀들은 새롭게 산 롱지Longy-미얀마의 전통 의복들을 번갈아 입어가며 서로에게 너무 예쁘다는 칭찬을 서슴지 않고 있었다. 남자 녀석들도 뻔 한 덕담을 나눠주기는 마찬가지였고 덩달아 들떠 있었다. 모두들 파티를 하러가자며 뛰어다녔고 그것은 올해 마지막 날을 반드시 만취상태에서 보내겠다는 이 시대의 마지막 종언 같았다.

한 해의 마지막 날. 그동안 실례를 하고 본의 아니게 실수와 상처를
준 사람들에게 사과를 할 기회를 주는 반성의 날로 삼으면 어떨까.

"혹시 올해 내가 무슨 실수를 했다면 미안하네. 너그럽게 받아주게
나"

"그때는 내가 확실하게 잘못했어. 진심으로 사과할게"

어째서 인간에게는 반성의 날 따위는 없는 것일까.

UN은 어떤 일을 하는 집단일까?

세계 텔레비전의 날. 11월 21일.

진심이야?

2011년 마지막 밤을 천장의 팬이 돌아가는 소리를 벗 삼아 넘기게
되었다. 미세하게 측은하고 초라한 올해의 마지막 밤이 되었지만 4, 3,
2, 1 Happy New Year!!!라는 소리를 안 듣는 것만으로 너무 안심스럽
고 마침 고요하다.

삐걱거리는 나무틀 침대에 누워있지만 어쩼거나,

이것도 내 인생 저 것도 내 인생.

단지 자그마한 추억이라도 나눌 수 있는 사람이 옆에 없다는 것이
조금 아쉬울 뿐.

잘 가시오. 2011년!
결국 잘 지냈나요? 내 인생?

*

만달레이 새벽에는
약간 겨울 냄새가 났다.

현재 미얀마가 겨울이니 그랬던 것이 당연했겠지만 겨울의 냄새라
는 것에는 액면 겨울과 냄새라는 두 가지만 있는 것은 아니었다. 추억
과 그 사이로 스미는 약간의 후회 그리고 자기연민도.

갑자기 쏟아진 새벽의 소나기 소리는 보이지도 않고 들리기만 했지
만 새해를 이국에서 시작하는 낯선 이에게 잔잔하게 박수를 쳐주는 것

도 같았다. 오늘은 만달레이 힐과 주변의 사원들을 다녀오는 날이다. 만달레이 궁전은 바간의 김과 조지가 정성을 다해서 말렸던 곳이라 애초부터 계획에 없었다. 부처님이 오셔서 아래를 굽어보며 이곳에 '위대한 도시'가 세워질 것이라고 예언했다고 하는 만달레이 언덕. 명청

하게도 만달레이 지도랍시고 들고 나온 지도는 바간의 지도였다. 내가
혼자 여행하는 이유이다. 입구에 잘 생기고 육감적인 모습의 백색 사
자상의 모습은 의외로 예술미가 가득했다. 믿기지 않겠지만 1,700여
개나 된다는 계단에 대해서는 미리 겁을 먹을 필요는 없었다. 경사가

급하지 않고 낮게 조성 된 계단은 생각보다 어렵거나 힘들지 않았다. 사방 네 군데에서 올라올 수 있는 구조라 정상으로 올라갈수록 사람들은 많아졌다. 정상에는 유리타일로 장식된 파고다가 있는데 바간에서 보아왔던 많은 사원들과는 조금 다른 형식이었다. 상단 부분은 바간의 아난다를 모델로 했다고 전해지고 기본적인 미얀마 양식이라고 해도 좋았지만 상당한 부분을 자그마한 유리타일로 마감하여 약간 페르시아의 느낌마저 났다. 유리사원이라는 별칭은 심지어 몽환스럽기까지 했지만 솔직히 그러한 아름다운 타이틀을 붙이기에는 많이 모자란 느낌도 있다.

저 멀리 만달레이 시내의 전경이 들어온다. 나는 이런 모습을 라오

스 루앙 프라방의 언덕에서도 비슷하게 보았던 것 같다. 언덕이라는 곳은 숨을 고르며 멋지게 한숨을 날려 보낼 수 있는 작은 천국이다.

만달레이는 미얀마 본토의 왕좌를 차지하여 오랜 기간 동안 미얀마의 중심부로 지내왔지만 영국에게 식민지화 되면서 그 영토의 권좌를 양곤에게 물려주고 말았다고 한다. '웅크리고 있는 2인자' 라는 뜻이 새겨진 비문이 아마 만달레이의 어느 구석진 사원 안에 조각되어 있지 않을까. 신발을 입구에서부터 벗어 놓고 올라와야 했기에 다시 같은 길을 내려와야 하는 비생산적인 걸음을 해야 했다. 계단 옆으로 수많은 낙서들이 보이는 가운데 안타깝게도 한글낙서가 보였다. 예전 앙코르와트의 어느 이름 있는 사원의 벽에서도 한글 낙서를 본 적이 있는데 그때 그것은 월화수목금토일 이라는 다분히 악의적이고 어딘지 한국의 동쪽 국가에서 쓴 것 같은 느낌이 있었지만 한국인은 아무리그래도 월화수목금토일 같은 낙서를 하지는 않는다. 그것은 뭐랄까. 정말 한국적이지 않다. 이번의 낙서들은 확실

히 한국인들의 낙서였다.

그들에게 묻고 싶다. 아직도 마음과 가슴과 눈과 기억 속에 남기는 법을 모르고 있냐고.

정문으로 다시 내려와 미얀마 최고의 러펫예라고 칭찬받아 마땅한 러펫에 두 잔을 연달아 마셨고 한국의 열무김치와 거의 비슷한 김치를 같이 내주는 국수집에서 300짯짜리 국수로 점심을 해결했다. 파고다의 파도와 바다를 바간에서부터 보고 왔지만 만달레이의 사원들을 안 보고 지나칠 수는 없어 만달레이 힐 바로 앞에 있는 짜욱또지Kyauktawgyi 파고다엘 들렀다. 짜욱또지역시 바간의 아난다를 모델로 하여 만들어 졌다고 한다.

호젓한 경내에는 어디를 가나 그렇듯 큰소리를 내는 사람들은 없었 다. 화장실을 물어보는 나에게 관리인은 최대한의 친절로 나를 안내했 다. 고작 화장실을 가는데 이렇게 극진한 대접을 받아도 되는 것인지

잠시 생각했다. 내가 외국인이었기 때문에 그런 것 같지는 않았다. 그에게는 그러한 삶의 자세가 이를테면, 습관처럼 되어 있었을 것이다.

처음 사원에 들렀을 때 바닥을 쓸던 노인은 사원을 둘러보고 나가는 그 시간까지 바닥을 쓸고 있었다. 노인의 등은 거의 직각으로 굽어있었고 빗자루는 무척이나 닳았다. 그는 무언가를 쓸었을까 아니면 오히려 그러기위해 계속해서 쏟아냈을까. 아니면 무언가를 계속해서 지워내고 있었을까. 지우기 혹은 잊어버리기. 인류가 발명한 최대의 발명품은 뜻밖에 지우개라는 얘기가 있다.

노인이여. 부디 당신이 지워나가 결국 끝에서 만나는 것을 이루기를. 그리고 당신의 뜻대로 대각大覺하기를.

산다무니Sandamuni 파고다를 거쳐 꾸도더Kuthodaw 파고다에 들렀다. 짜욱또지가 아난다를 모델로 삼은 것과 비슷한 맥락으로 꾸도더 파고다는 바간의 쉐지공을 모델로 만들어 졌다고 한다. '국왕의 위대함' 이라는 뜻을 가진 파고다로 세계에서 가장 큰 책이 있다고 공식적으로 인정받는 곳이다. 수많은 백색의 파고다 내부에는 '세 개의 바구니' 라는 뜻의 티피타카Tipitaka-불교경전가 근처의 도시인 사가잉에서 가져온 무려 730개의 대리석비에 양면으로 새겨져있고 이 경전을 모두 읽는 데에만 500여일이나 걸린다고 한다. 대단히 큰 유적지는 아니지만 특색 있는 방문지이기는 했다.

한가한 외부에 앉아 불자들이 불공을 드리는 장면을 보다가 신타라는 친구를 만났다. 중학생 나이의 영민해 보이는 신타는 '가까운 미래에서 온다.' 는 뜻의 이름으로 특이하게 어머니가 지어주셨다고 한다. 신타 옆에는 타이와 타무라는 또 다른 어린 형제들도 있었는데 이름에 다른 뜻이 있는지 녀석들은 그렇게 불리는 것을 싫어했다. 하지만 어디까지나 장난스럽게였다. 신타는 의사가 되고 싶어 했으며 분명히 그렇게 되고 말 정도로 어린아이지만 점잖음과 부드러운 성품도 있었다. 만일 내가 돈이 많은 부자가 된다면 다른 것은 둘째 치고 공부를 하고 싶어 하는 아이들에게 그 기회는 반드시 주고 싶다.

기타를 치고 싶다면 더욱.

그림을 그리고 싶다면 더더욱.

아이들과 이런저런 얘기들을 나누고 일어서다 그만 다리에 쥐가 나버렸다. 난 그 자리에서 표정을 찡그린 채 어정쩡하고 우스꽝스러운 자세로 서 있어야 했고 주위의 모든 사람들이 큰일이나 난 것처럼 다가와 염려해 주어 갑자기 모든 시선이 나에게 쏠린 셈이 되었다. 바보 같았지만 난 잠시 평화로움도 함께 느껴버렸다. 무슨 일이 생겨도 아무런 걱정 없이 헤쳐 나갈 수 있는 든든함. 미얀마 사람들은 이렇게 태어났다.

계속되는 쥐에 사람들에게 피해를 줄 수는 없어 절룩이며 깽깽이 발로 밖으로 나왔다.

분명 저 사람은 지금 뭐하는 것이냐는 말이 오갔을 것이다.

사원을 나와 모네스트리Monastry-수도원쪽으로 가다가 골목 끝에서 한 사내를 만났다. 내가 그쪽으로 간 것은 기타연주 소리가 나서였고 그 곡은 뜻밖에 메탈리카의 Fade to Black. 천천히 진행되는 인트로 부분이었기 때문에 골목에서 만나기는 더 없이 좋은 곡이었다, 만달레이 공항에서 근무하고 있다는 사내는 아들, 딸과 함께 동물원에 놀러가는 중이라고 했다. 그의 오토바이에는 맥주 몇 캔과 음료수가 비닐봉지에 담겨 있었고 나에게 마실 것도 권했지만 어쩌면 아들이 오늘 아버지와 마시는 첫 맥주를 내가 마셔버릴지도 모른다는 생각에 받지는 않았다. 자식들의 표정을 보아하니 아버지와의 동행이 썩 내키지는 않는 모양이었다. 중학생또래의 아이들은 이제 충분히 그럴만한 나이에 진입했다. 사내는 나에게 Enter Sandman과 Orion등 메탈리카의 클래식 넘버들을 들려주며 상당히 기분 좋아했다. 오, 양손 헤머링까지. 우리는 잠시 깊은 연대감에 빠졌고 곧 의기투합이라도 할 것 같았다. 하지만 아버지는 더 이상 자식들과의 동물원 투어 약속을 어겨서는 안 되었다. 오랜만에 나온 아버지와의 하루에서 모든 것을 아버지 위주로 몰아간다면 아마 오늘은 그들 나들이의 마지막 날이 되었겠지.

즐거웠소이다.

그 시간.

또 다른 사원과 근처의 작은 대학에 들어갔다가 지나가는 버스를 타고 무작정 돌았고 한국식당이 가까워질 정도에서 내렸다. 만달레이는 도시의 구획정리가 너무나 잘 되어있어 스트리트 넘버만 있으면 어디든지 찾아갈 수 있었다.

무려 십 여 년 전에 이곳에 정착했다는 만달레이 한국식당의 사장님. 이유와 과거를 묻기도 전에 벌써부터 무조건 존경스럽다. 지금도 그렇지만 미얀마라는 나라가 더욱 생소하던 시절이었다. 사장님의 장엄한 미얀마 정착기를 들어서 무엇하리.

미얀마 여성과 결혼한 사장님은 이제 거의 자리를 잡아간다고 했다. 사장님에게서 여러 가지 만달레이의 얘기들을 들을 수 있었고 무엇보다 한국음식을 먹을 수 있어서 마음이 놓였다. 정읍출신인 사장님답게 반찬은 아끼지 않으셨다. 심지어 이 아름다운 반찬들을 보라.

만달레이와 미얀마의 대략적인 현재 상황을 정리하자면 이렇다.

1. 중국의 자본이 계속해서 유입되고 있다. 얼마 전부터는 태국과 싱가포르는 물론 말레이시아의 자금도 들어오고 있는 실정. 그래서 갑자기 졸부들이 늘어 남.
2. 땅 값이 계속해서 올라 주변 지역까지 투기바람이 불고 있음.
3. 믿기지 않겠지만 만달레이 노른자의 집값은 평당 1,500만원
4. 갑자기 돈이 많아진 시민들은 화려한 외제차를 몰고 다니며 경찰의 신호위반 제지에 따귀를 날리며 호기를 부린다고 함.
5. 현재 미얀마 최대 소수민족인 샨족의 영향력이 강대해지고 있어 부총리 두 명중 한 명은 반드시 샨족으로 구성해야 함.
6. 5,000짯짜리는 3년 전에 만들어졌음.
7. 미얀마내 가장 전투적인 소수민족인 카친주에 중국의 댐건설이 용인되는 바람에 얼마 전 카친에서 대규모 봉기가 일어날 뻔 함.
8. 중국내의 소수민족이 60여개가 넘는 것을 감안한다면, 165개로 공식화되어있지만 세분하면 엄청난 수로 또다시 나뉠 미얀마의 소수민족은 미얀마의 핵심이자 뇌관.

만달레이 궁전을 감싸고 있는 해자를 따라 숙소로 돌아왔다.

80과 26이 마주치는 길에서 춤을 추는 여인을 보았다. 정신이 어떻게 되었다고 하기에는 춤이 너무 매혹적이고 리듬감이 넘쳤다. 약간의 어려운 동작마저 있었다. 그녀는 하필 여린 보라색의 옷을 입고 있었고 태양이 떨어지는 쪽에 있었기 때문에 전체적으로는 하나의 실루엣

처럼 보이기도 했다. 미얀마에서 볼 수 있는 춤과 색깔의 옷은 아니었던 것 같다. 여인은 내가 그 옆을 지나갈 때까지 춤을 추었다. 무언가 중간에 고함을 치는 것으로 보아 한이 서린 퍼포먼스라고 보이기도 했지만이를테면 결국 정신이 나간 사람으로 봐도 좋았다 대단한 역사가 숨어있는 것만은 확실할 정도로 춤과 표정이 무거웠다. 조금멀리 뒤편에 있던 한 젊은 승려는 그런 여인네의 춤사위를 보지 않고 그저 궁전바깥의 호수에 두 눈을 떨어뜨렸다. 그의 사리자락이 지나가는 오토바이의 바람에 잠시 펄럭였다. 로터리를 막 지날 무렵 세련된 승용차들을 멀리하고 애꿎은 구형 트럭이 경찰의 제지에 걸렸다. 유난히 까만 얼굴의 미얀마인은 차에서 내릴 때부터 벌써부터 울상이다. 옆자리에 앉아있던 동료의 표정은 이미 오늘 하루를 잃어버렸다. 힘들고 어렵고 외로운 짐들을 어디에도 두지 못하는 사람들. 마음속에는 이미 너무 많은 짐들이 있고 그래서 곧 터져버릴 것 같은 사람들. 장난스럽지 않다는 양해를 구한다면 모두에게 풍선을 하나씩 주고 싶었다. 둘 곳이 없다면 잠시라도 떠있을 곳이 필요하겠기에.

저는, 이미 부유하고 있답니다.

아쉬움에 숙소근처의 사원에 들렀다. 미얀마인들에게 따로 휴식공간이라는 개념은 없는 것 같다. 저마다 적당한 곳에 앉으면 그곳이 공원이고 주위가 사원이었으며 부처의 앞마당이었다.

누군가 경내의 종을 안정감 있게 쳤고 오후 네 시의 환경들이 앞 다투어 내 앞으로 몰려왔다. 반대편에 아직도 정정한 해가 떠 있음에도 이른 달이 떠오른 파란 하늘은 황금빛 사원의 첨탑과 어울려 고스란히 한 장면을 이루어 냈고 근처 이슬람 사원에서 울리던 아잔은 지금 이 시간을 넘치게 도왔다. 까마귀떼의 불안한 울음과 또 다른 새들의 소리는 처음 만달레이에 도착했을 때의 긴장했던 감정을 많이 누그러뜨려 주었다. 모두가 조금씩 비켜서며 자리를 내주고 있는 만달레이의 공존.

미안하군. 만달레이. 내가 너무 앞섰어.

숙소근처의 길거리 식당에서 터민쪼미얀마식 볶음밥와 계란 프라이로 요기하고 꼬치구이 집으로 가서 몇 개의 꼬치를 먹었지만 일부는 분명히 상한 것 같았다.

한국인 여행자들이 무려 네 명이나 로비에 앉아있다. 어쩌서 다들 똑같은 모양새인지 '여행을 떠나는 우리의 옷 자세'라는 규범집을 읽고 왔나 보다. 이 호텔에 묵고 있는 또 다른 네 명의 여행자와 합세해 옥상에 있는 식당에서 맥주를 마신다고 한다. 나의 방은 바로 그 식당 입구 옆. 여덟 명의 사람들이 맥주를 마신다고? 제발.

*

숙소에서 제공해주는 아침을 먹고 거리로 나섰다.

많은 오토바이 투어 운전자들이 달려왔고 난 그 속에서 모든 미얀마인들이 그렇듯 착한 인상의 사내와 짝을 이루기로 했다.

45살. 쏘쏘씨.

아니 형이다. 얼굴이 아닌 나이로 보자면.

쏘쏘는 다른 모토투어의 드라이버와는 달리 조금 저렴한 10,000짯에 흥정을 걸어왔다. 당연히 내 쪽에서 그런 자세를 원했던 것은 아니었지만 그의 말투와 몸가짐에는 당신이 오늘 나의 손님이 된다면 나는 정성과 최선을 다 하겠다는 표정이 배어있었다. 사가잉Sagaing 힐과 잉와Inwa 유적군 그리고 우 베인U Bein 다리를 도는 공식 하루 코스. 그의

Showsho

등을 믿고 뒷자리에 앉았다.

오토바이는 빠르게 시내를 벗어나 길고 곧게 정리 된 나무 숲길을 따라 사가잉으로 달렸다. 중간에 미얀마 전역과 해외로도 수출되는 부처상을 만드는 작업장 골목을 지났다. 대리석을 주로 다듬는 현장은 마치 안개가 피어오르듯 골목 가득하게 하얀 뭉게구름이 피어 있었다. 돌가루를 하루 종일 마시는 사람들에게 부처의 은덕을 쌓기 위해서는 어쩔 수 없다고 말할 수는 없을 것이었다. 어디를 가나 착취를 당하는 노동력은 이상한 이유에 얽매인다. 정당한 노동의 댓가가 이루어지지 않는 구조에서 나와 가족이라는 거대한 이유 이외에는 사실상 다른 명분은 없다. 아침부터 벌써 지쳐보이던 인부는 싸구려 빙과를 먹으며 얼굴에 뒤덮인 백색가루를 닦아냈다. 물론 초록색 빙과와 하얀색의 얼굴이 교차하는 시각적으로 아주 훌륭한 장면이었지만 그런 모습을 카메라에 담을 수는 없었다. 이후에 쑈쑈는 실크 롱지를 파는 가게로 나를 안내했지만 이럴 때는 단호하게 나의 목적은 이런 곳이 아니라고

말해 둘 필요가 있었고 그 역시 결국 나의 가난한 마음을 이해했는지
더 이상 특별 프로그램을 만들지는 않았다.

'쏘쇼!!'

'어?'

'아이가 몇 이야?'

'다섯'

'오... 부인을 너무 사랑하는 거 아냐?'

'그랬지. 근데 죽었어.'

점퍼의 펄럭이는 소리와 바람을 가르며 달리는 거친 소리에 스며들
던 그 쓸쓸한 어투. 그런 말을 그렇게 크게 말할 수밖에 없는 상황이어
서 나는 난생처음 바람을 원망스러워했다. 미안해 쏘쇼형.

나는 그의 어깨를 가만히 잡아주는 것 밖에 할 수 없었다.

미안했다. 무엇에게 인지는 모르겠지만.

강이 나타나고 새롭게 만들어진 사가잉 다리를 건너기 시작하기 전부터 멀리 사가잉 언덕이 보인다. 왼편에는 새로운 다리가 건설되기 전 사가잉과 만달레이를 충실하게 연결했던 영국 식민지 시절의 아바 다리가 보인다도대체 백인들은 어떤 종족들이길래 다른 나라들을 그렇게 거리낌 없이 지배하고 파괴 했던 것일까. 그들이 무슨 할 말들이 있을까. 황금빛 죽순같이 촘촘하게 박혀있는 수많은 사원의 첨탑들. 만일 바간을 먼저 보지 않았다면 저 모습들은 충분히 흔들릴만했다. 하지만 바간에서 이미 너무나 많은 것을 알아 버렸고 보아버렸기에 그저 고개만 한 번 끄덕이는 수준으로 마감했다.

오토바이를 정차시키고 사가잉 언덕을 오른다. 이른 시각이었기에 만달레이 언덕을 오르는 계단만큼은 아니었지만 역시 많은 계단을 혼자서 천천히 올라야했다. 계단 꼭대기 즈음에서 어디선가 스님이 나타나 기부를 하라며 돈을 요구했고 500짯을 냈다. 하지만 미얀마에서 스님으로부터의 이런 일은 아주 부자유스러운 일이라고 한다. 옆에 있던 개 한 마리는 자신에게 냉담한 표정을 짓고 있던 여행자의 낌새를 알아차리고 얼른 사라졌다. 정상에 오르면 1,300년대부터 세워지기 시작했다는 사가잉 지역의 많은 탑들을 거의 모두 조망할 수 있다. 만일 언덕이라는 코드와 홀로 된다는 것에 익숙하고 아침이슬이 걷히기 전 일찌감치 이곳으로 온 사람은 의외로 이곳에서 최고의 씬을 볼 수 도 있을 것 같다.

쑈쑈와 다시 투어를 시작했다. 다음 행선지는 잉와 유적.

이 지역은 13세기에 바간왕조가 몽골에게 완전히 패퇴한 후 동쪽의 샨족과 오래전부터 미얀마 영토의 적통노릇을 해 온 버마족과 합세해 만든 잉와 왕조의 수도였다고 한다. 하지만 1752년 미얀마내 버마족 최대의 라이벌인 몬족에게 침공당한 후 그대로 역사 속으로 사라졌다. 중북부의 버마족과 남쪽의 타이게 종족인 몬족과의 숙명적인 대립은 현세대에 다시 세력을 키워나가고 있는 동쪽의 샨족과 더불어 역사의 트라이앵글을 이루고 있다.

아무리 생각해도 단일민족으로 이루어진 대한민국은 그 자체로써 거대한 타이틀이다.

잉와 유적을 가기 전 선착장에 있는 식당에서 식사를 했다. 가짓수는 많았지만 똑같은 반찬이 두 벌씩 나뉘어 나온 것에 불과한 상을 받

151

았다. 쑈쑈에게 들은 가격은 물론 어제의 가
격인 것 같았다. 양은 물론 가격은 더더욱,
맛은 처참할 정도의 식사를 마치고물론 쑈쑈의
식사까지 내 주어야 한다. 같이 온 운전수의 식사비를 책임지지 않
는 것은 경우에 맞지 않는 것이라고 본다. 강을 건너는 배
삯을 지불한 다음 무려 단순 방문지로써는
거액인 10불에 달하는 잉와 입장권을 내고
형편없는 투어를 또다시 돈까지 내며 마차
를 타고 해야 했다. 결과는 마이너스. 모든
것이 마이너스였다.

입구에 있던 유적은 의도적으로 외벽의
색감을 변형한 것같이 거부감이 일었으며
중간에 들른 애매한 높이의 전망탑 유적은

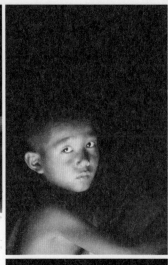

정말 무엇인지 모를 정도로 의미가 없었다. 그냥 다세대 주택 옥상에 있는 노란색 물탱크에 올라가는 기분이었다. 중간에 잠시 들른 목조의 수도원을 제외하고는 모든 것에 눈길을 주기가 어렵다. 말미에 지나쳤던 이름 모를 사원의 폐허역시 예전에 여행했던 태국의 훌륭한 유적지인 수코타이에서 가장 별로였던 유적보다도 못했다. 마지막에 다시 입구의 사원을 다시 볼 것을 부탁했으나 마차의 주인은 돈을 더 내 놓으라며 단 일 분의 시간도 주지 않았다. 그네들의 삶이기 때문에 돈을 더 주는 것은 이치에 맞는 일일 수도 있었으나 그의 태도는 이제까지 보아왔

던 미얀마인들과는 많이 달랐다. 그는 순간적으로 내가 당황스러워 할 정도로 거칠었다. 잠시 다른 의미로써 아주 예전의 유적지를 다녀온 것 같았다.

다시 배를 타고 돌아와 오늘 투어의 마지막이자 사실상의 전부인 우 베인 다리가 있는 아마라뿌라Amarapura로 향하기로 했다. 1857년 미얀마 마지막 왕조 꽁파웅Konbaung 왕조의 민돈왕이 만달레이로 천도하기 전까지 수도 역할을 했던 '불멸의 도시'라는 곳이다. 쑈쑈는 밥을 먹고 오늘 하루, 나에게 받은 투어비를 거의 올인하겠다는 일념으로 식당 뒤편의 간이 하우스에서 노름에 몰두해 있었다. 30분을 넘게 기다렸고 또 조금의 시간을 더 주었지만 그 순간 쑈쑈는 거의 자신의 패에 눈을 집중시켜 계속해서 무아지경에 빠져갔다. 주변의 사내들은 약간 바람잡이 같은 모습으로 쑈쑈의 실력을 치켜세웠다. 다행스럽게도 쑈쑈는 막판에 돈을 조금 땄다며 그 순진하고 희망에 가득 찬 얼굴을 숨기지 않으며 일어섰다. 글쎄...

따옹-뗘만 호수에 떠 있는 아무래도 이런 표현이 더 어울린다. 1.6km 길이의 거대한, 아니 위대한 나무다리. 이 나무다리는 150여 년 전에 물에 강한 1,086개의 티크 나무로 당시 시장이었던 우 베인이라는 사람이 건설하여 우 베인 다리라는 이름이 붙여졌다. 미얀마로 오기 전부터 사진으로 봤던 그 수많은 황홀한 모습은 세상의 다른 어떤 절경과 비교해도 밀리지 않았다. 미얀마 여행 포인트의 네 가지 중 첫 번째. 아니 가장 보고 싶었던 것.

쑈쑈는 나를 다리입구에 내려주고는 선셋까지 충분하게 즐기라며 어디론가 빠르게 사라졌다.

쑈쑈 제발.........

우선 다리를 건넜다. 아주 천천히.

미리 나보다 앞서간 사람들 역시 등을 보이고 걸었지만 난 그들의 뒷모습이 분명 웃고 있음을 알 수 있다. 뒤로도 웃는 사람들. 사람들은 모두들 어째서 웃고 있는 것일까. 고작 나무다리를 건너고 있는데.

　조금 멀리 어부들은 강바닥에 낮게 몸
을 낮춰 고기를 잡고 있고 많은 사람들이
다리 위를 걸으며 그 길을 건너고 있다. 수
많은 사람들이 걸어 다니는 그 길에 다리
의 모든 나무들은 묵묵히 그 무게를 버텨
내고 있다. 그 절절한 희생을 치루는 우 베
인의 다리를 우리는 어째서 알지 못할까.
마침 자전거가 한 대 지나갔다. 결국 자전
거를 움직이게 하는 것은 둥근 바퀴가 아
닌 그 바퀴를 촘촘하게 이어주고 지탱해
주는 바퀴살의 그 헌신임을 우리는 역시
알지 못한다.

　해는 이미 기울기를 낮춘 지 오래되었

기에 서쪽하늘은 조금 후에 펼쳐질 선셋 극장에 대비해 벌써부터 분주해 보였다.

다리를 건너는 동안은 아무생각도 들지 않았다. 다리를 건너는 행위는 그것이 짧던 아니면 길던 간에 그리고 특히 그 재질이 나무로 이어진 다리일 때는 생의 잡다한 상념들은 모두 사라지는 것 같았다. 다리 끝까지 걷다가 다시 되돌아오는 아주 단순한 걸음이었지만 그 자체로 이미 이곳은 미얀마의 최고가 되어버렸다. 글로 옮기기에 미안할 정도로 성의 없는 이야기지만, 걸어보면 안다. 우 베인 다리는.

중간지점에서 다리에서 내려 와 이번

만달레이

에는 우 베인을 정면으로 바라보았다. 호수에 비친 다리들이 살며시 몸을 털며 흔들리면 순간 신기루를 느끼며 생의 경계마저 혼동하게 된다.

만일 새벽에 이곳으로 온 다면 어떨까. 물안개 속에 태어난 우 베인 다리 위에서 우리는 분명히 또 다른 전설을 만날 수 있지 않을까. 이 다리를 천 번 건너는 사람에게는 평생의 잘못을 한 번은 용서해 준다는 위험한 전설. 사랑해서는 안 될 사람을 사랑했을 경우 이 다리 위를 떠나지 못하고 나무가 되어 호수 속에 박혀야 된다는 아슬아슬한 신화. 이 아름다운 다리에서 목숨을 끊으면 다시는 아름다운 모습을 볼 수 없도록 눈을 못 뜨게 된다는 형벌 같은 시. 우 베인은 그 자리에서 화석이 되었다.

서쪽하늘이 믿을 수 없는 색으로 물들기 시작했다. 나는 이때 침착해야한다는 생각부터 들었다. 무언가 이제까지 겪어보지 못한 판타지와 거대한 마법의 세계가 시작될 것처럼 온 주위의 기운이 이상하게 변해갔기 때문이다.

만일 이 지점에서 생이 끝날 때를 맞이한다면 슬플까 기쁠까 아니면 웃을까 울어버릴까.

일망무제. 모든 것은 아득하게 멀어졌다.

지구 마지막 날의 하늘이라고 해도 좋을 정도로 우 베인의 서쪽 하

늘은 이를테면,

　미쳐버렸다.

　나는 음악을 꺼내 듣기로 했다. 자우림의 Poor's Tom.

　한국에서 이렇게 니힐에 가까운 곡을 듣기는 산울림 이후로 참으로
오랜만이다.

　다 타버리지 못하고 소멸하지 못한 삶의 찌꺼기들이 모두 끝을 향해

서 마지막까지 달리고 있다. 어느 삶은 끝까지 헐떡이며, 어느 삶은 이제 모두 포기한 채로 그리고 어떤 삶은 또 다른 삶으로 태어나기 위해서. 삶의 마지막을 보내는 이생의 마지막 다리. 이곳에서 눈물을 흘릴 수는 없다. 그런 세속적인 감정은 이곳에서는 다리 건너편인 이쪽의 감정이다. 다리를 건너고 나서 마지막으로 뒤를 돌아보았을 때 그때 다시 생각해보자. 이쪽의 삶이 어땠느냐고.

이제 어둠이 내리고 우 베인이 하루의 삶을 내려놓았다.

밤이 되면 달이 아마도 저 다리를 마지막으로 건너겠지.

우 베인. 최종 한계선. The Line.
부디 조금만 더 버텨주기를. 당신들은 이 세상 끝에 있잖아.

우 베인 다리에서 만났던 한국여행자 두 명과 저녁을 함께했다. 두 분 모두 초등학교 선생님. 나이가 조금 있으신 신 선생님과 달리 나와 비슷한 연배인 오 선생님은 이번이 배낭여행으로써는 처음이라고 했다. 우 베인을 보고 왔으니 그 황홀함은 아직까지 이어졌을 것이었다. 맥주를 시키고 한국에서 가져온 소주를 섞어 마시며 연신 너무나 행복하다고 했다. 그 기분을 정확히 느끼고 이해했다면 당신 인생은 아마 앞으로 조금 변할 겁니다.

우 베인을 보고 온 밤.

보고 싶고 그립고 생각나고
설레고 어지럽고 후회하고
미안해지고 슬프고 기쁘기도 하고
울음이 나오면서도
비장함이 느껴지는 그대
말을 건네 볼까 아니면 돌아설까
눈을 감을까 아니면
이대로 잠이 들어버릴까

우 베인. 완전히 혼을 빼 놓는
흑마술이 섞인 피안의 다리.

夢, 遊, 臥 몽유와

영어로는 Monywa이므로

얼마든지 다른 이름으로

불리어도 상관없었다.

하지만 이 소프트한 느낌의

아름답고 정갈하고 조신하며

심지어 싸이키델릭하기까지 한

그 어여쁜 이름 몽유와는

어쩌면 당연히 그렇게

불리어야 할 것이었다.

사실 몽유와라는 한국식의 발음은
정확하지는 않다.

영어로는 Monywa이므로 얼마든지 다른 이름으로 불리어도 상관없었다. 하지만 이 소프트한 느낌의 아름답고 정갈하고 조신하며 심지어 싸이키델릭하기까지 한 그 어여쁜 이름 몽유와는 어쩌면 당연히 그렇게 불리어야 할 것이었다.

오로지 한국인들만이 느낄 수 있는 그 뉘앙스.

한국에도 아마 이처럼 외국인들이 느끼기에 더없이 끌리는 지명이 있을 것이다.

나는 아마 그중에 밀양은 분명히 그러할 것 같다.

단지 이름 때문에 미얀마로 오기 전부터 염두에 두었던 곳이다. 얼마 전 인도를 여행하며 역시 어여쁜 이름의 달 하우지란 여행지로 갔다가 대대적으로 실패한 경험이 있었지만 이번에는 무언가 좀 더 다른 느낌이 있었다. 쑈쑈는 오토바이 택시 친구들을 이끌고 어김없이 어제

약속한대로 숙소 앞에 와 있었다. 몽유와로 가기 위한 표는 어제 투어를 떠나기 전 미리 사 두었었고 몽유와까지 같이 가기로 한 선생님들은 다행스럽게 현장에서 어렵지 않게 살 수 있었다. 서 너 시간이 걸린다는 몽유와로의 표 값은 1,800짯. 이제까지의 버스표 값 중 가장 저렴하거나 가장 안정적이거나 혹은 가장 잘못된 것일 수도 있었다.

몽유와까지는 네 시간. 덜컹거리며 흙먼지 길을 특색 없이 가는 것이지만 모든 것이 아직도 충분히 새롭고 신기하다.

몽유와는 예로부터 반골의 고장이었다고 한다.

반군이 한 때 득세를 했던 지역이고 그래서 가는 도중 버스에서 여권을 보여주는 검문을 당해야 했다. 당연히 그 이상은 없었다.

아주 작은 마을로 기대하고 왔는데 실상 몽유와는 작은 마을의 분위기는 아니었다. 냥우보다 큰, 일종의 도시. 몽유와의 터미널에 내리자마자 승객보다 많은 수의 뚝뚝기사와 모터택시기사가 버스 입구에 진을 쳤다. 그 가운데 약간 영어가 가능한 사내가 우리를 이끌었다.

유일하게 알고 있는 Shwe Taun Tan숙소에 여장을 풀었다. 컨디션은 별로였지만 대안이 없었고 좁은 카운터에서 우리를 안내하던 처자가 숙소에서 항상 야심차게 준비한다는 아침식사 사진을 보여주었기 때문이기도 한데 아예 뷔페처럼 차려진 아침식사 사진을 코팅해서 보여주었다. 자신감은 넘쳤지만 약간 동물원의 식단같이 보이기도 했다.

Shwe Taun Tan

세 명이서 22불. 침대는 다른 여유 공간 없이 그저 나란히 놓여있었다.
마침 창문을 통해 알맞게 볕이 들어오고 있었기에 방안의 먼지들은 조
심스럽지만 약간은 부산하게 우리를 맞이했다.

숙소 벽에 붙어있는 몽유와의 관광 포인트 사진은 대충 세 가지로
요약되었다.

Hpo Win Daung Cave, Thanboddhay Paya, Boddhi Tataung paya.

뚝뚝기사는 숙소 밖에서 돌아가지 않은 채로 투어를 하지 않겠느냐
는 말과 함께 우리를 기다리고 있었기에 동굴투어는 거의 하루가 걸리

는 코스인 관계로 제외하고 나머지 두 군데를 묶어 곧바로 일일투어를
하기로 했다.

몽유와로 오기 전 들렀던 휴게소에 먹은 국수가 잘못 되었는지 뱃
속이 점점 불편해졌다. 오 선생은 며칠 전부터 이미 탈이 나 있는 상태

여서 따로 점심시간을 가지지 않고 바로 투어를 시작했다. 라오스와 태국에서는 오로지 국수만을 먹기 위해 일부러 아침부터 일찍 일어난 적이 많았는데 아무래도 미얀마에서는 국수와 연이 없는 것 같다.

처음 들른 곳은 Thanboddhay Paya.

잘 닦여진 도로를 달릴 때 뚝뚝기사는 침을 계속해서 뱉어댔다. 말수는 거의 없었지만 왠지 목이 조금 쉰 그는 뒷자리에 앉아있는 나에게 그것이 튀지 않도록 고개를 조심스럽게 돌렸고 게다가 한손을 입에 가려 뱉어내기까지 했다. 나는 사람의 손동작 하나에 저렇게 아름다운 배려가 있는지 정말이지 처음 알았다.

모에닌이라는 스님이 1939년부터 1952년까지의 기간 동안 건립한 사원. 인도네시아의 보르부두르 사원의 양식을 모방해서 만들었다고 하며 사원 전체에는 몽유와를 대표하는 사원답게 무려 580,000여 개의 불상이 빈틈없이 자리

하고 있다.

　처음에는 약간 작위적이고 조금은 조악한 색
채로 뒤덮였다고 생각했던 이 사원은 전체적으
로 보았을 때는 오히려 통일감마저 느껴질 정
도로 정렬해 있다. 3불을 내고 내부로 들어가면
밖에 있는 작은 미니어처같은 불상들과는 분명
히 격을 달리하는 불상들이 갖가지 근엄하고도
사실감 있게 모셔져 있다. 대단한 방문지라고
보기에는 어렵지만 몽유와에서 가장 유명한 사
원이고 또 약간의 억지스러운 감정을 동원해서
조금 달리 보면 미얀마에서 가장 특색 있는 '색
채' 들로 마감된 사원이었던 것도 같다.

다시 나무숲과 평원이 알맞게 자리하고 있는 길을 달려 두 번째 방문지인 Boddhi Tataung Paya로 향했다. 멀리서부터 조용한 뽀 까웅 언덕에 서 있는 거대입상이 눈에 들어온다.

아마 다시 미얀마에 이민족이 침입해 모든 것이 파괴가 된다면 양곤의 쉐다공과 더불어 우선순위가 될 거대입상과 미얀마 최대의 와불 그리고 불탑이 이곳에 있다. 널따란 평원에 유일하게 그나마 놓여있는 언덕을 모두 깎고 다듬어 만든, 환경적으로는 태생적인 원죄가 있는 불당이지만 파란 하늘을 배경으로 서 있고 누워 있는 그 엄청난 존재감 앞에 모든 세간의 문제들은 잠시 비켜서도 좋았다. Thanboddhay Paya를 다녀온 것은 어쩌면 실수였던 것 같다.

우선 불탑에 올라갔다. 크지는 않지만 미로처럼 내부는 어두웠고 또 우리 이외에는 아무런 기척이 없었기에 그 어둠을 또 우리만의 것으로 가져올 수 있었다. 내부에는 과천국립현대미술관에 있는 다 쓰러져가는 백남준의 작품 '다다익선'의 그것과 너무나도 닮아있는 구조물에 불상들이 구석구석 세심하게 그러나 때로는 성의 없이 놓여있었다. 자그마한 불상들은 고풍스러운 모양과 현대적인 모습 등 모양이 조금씩 달랐고 어딘지 은둔해 있는 듯한 느낌들이 있었지만 전체적으로 예술미라곤 없는 내부구조와 아무 것도 없는 밋밋한 벽감은 많이 싱겁기도 했다.

언덕에 자리한 거대 와불과 입상으로 올라가는 위치에는 뜻밖에 한

국이름의 절이 있었다. 이름 반야사. 게다가 반야사에서 불상과 법당을 시주했는지 입구에 빼곡하게 놓인 수많은 시멘트 불상들의 이름에 한국 사람들의 이름이 쓰여 있었다. 반야사 내부에서 아주 곤하게 잠을 자고 있던 아마 관리인이었을 듯한 사람이 있었지만 그는 극락을 왕래하고 있는 것처럼 낮잠에 몰입한 상태여서 반야사에 대한 아무런 이야기를 들을 수는 없었다. 언덕 정상으로 오르는 계단에는 이곳에 오는 방문객보다 많은 수의 가게들이 줄지어 서 있었지만 바간의 쉐지공과 마찬가지로 어느 누구하나 호객을 하지 않았다. 호객의 여부가 삶의 한 방식인 그들에게 그것이 장사꾼으로 판단되는 기준과 척도가 될 수는 없겠지만 그것은 불도로 올라가는 불자들의 마음을 헤아리는 정성과도 같은 것이었다. 나는 그 정성에 탄복해 고작 열쇠고리를 몇 개 샀다. 마침 날이 좋았던 관계로 하얀 바닥위에 누워있는 110미터의 와상에서 뿜어져 나오는 황금빛은 바로 뒤에 서 있으며 그 균형미를

극대화하고 있는 거대 입상의 황금빛과 완벽하게 결탁했다.

거대 입상은 사원에서 바라보던 것보다 높았다. 무려 120미터가 넘는다고 한다. 뒤편의 엘리베이터는 부처의 상체까지는 닿기가 죄스러웠는지 허리부분까지만 공사 중이었다. 몽유와에 오는 외지 사람들의 발길이 뜸한 탓인지 내부에는 현지인들만이 조용히 내부를 관람했다. 다른 곳보다 좀 더 황금색이 빛나던 부처상들 그리고 몇 점의 그림과 소개들. 내부는 그렇게 몽유와스럽게 자리를 잡고 있었다. 미얀마 사람들은 모든 곳에서 우선적으로 말소리를 낮추고 동작을 크게 가져가지 않는다. 나는 이들의 이러한 국민성이 심지어, 부럽다.

승려들이 탁밧을 하는 행렬이 아주 조금 생동감 있게 그리고 생각보다 괴기스러움과 동시에 허술하게 표현된, 뒤로 이어진 이름 모를 파고다를 들른 후에 탑으로 다시 내려왔다.

이제 다시 일몰에 집중할 시간이다. 뜻하지 않게 바간에서 실패한 그것은 일찌감치 드넓게 펼쳐진 몽유와의 대지에서 이미 상쇄되었다. 다시 탑에 오른 후 조용히 서남쪽을 향해 자리를 잡았다. 이곳에는 아직까지도 우리 말고는 아무도 없었으며 탑 바깥으로 나가 바닥에 누워보니 자그마한 먼지마저 없다. 그만큼 모든 것이 우리에게만 오롯하게 남겨졌다. 난 벌써부터 이제까지의 모든 여행 중에 보아왔던 몇몇의 훌륭하고 최고로 인상적인 선셋을 넘어서는 그것을 볼지도 모른다는 생각에 마음이 숙연해지기까지 했다. 선생님들의 얼굴에는 이미 홍조가 드리워져있고 그 분들 중 한 명의 눈에서는 벌써부터 그보다 더 붉은 눈물이 자리 잡았다. 아마 얼마 전 지나버린 개인적인 과거가 순간적으로 오버 랩 되었을 것이다.

인간들이 할 수 있는 태양에 대한 최대의 예의. 선셋에 대한 환송.
떠나고 보내며 다시 만나고 또 헤어지는 어쩔 수 없는 인생 단 하나의 진실. 우 베인이 만약 이곳에 있었다면 사람들은 모두 몽유를 하며 다리 끝으로 걸어가고 있겠지.

몽유와 夢遊臥,
꿈속에서 누워 놀다.
난 어째서
꿈속에 있지 못하고
살고 있는 것일까.

돌아오는 길에 선생님들은 말이 없었다. 피곤함 따위로 닫힐 말문은 아니다. 뚝뚝을 타고 거의 한 시간을 달려 몽유와 시내로 들어올 때까지 그 침묵과 암묵의 시간은 계속되었다. 아직까지 며칠이긴 하지만 아마 이제까지의 미얀마 여행 중에 최고의 기분과 장면과 기억을 접했을 것이다.

저녁을 먹기 위해 시계탑 앞에 내린 우리는 확실히 기분 전환을 할 필요가 있었다. 의기소침과는 달랐다. 그리고 갑자기 기적이 우리 앞에서 터졌다.

한국식당. 이곳에.

몽유와 유일의 럭셔리 식당 유레카.

몽유와에서 가장 형광등 불빛이 강할 식당으로 들어갔다. 지금이야말로 진정한 몽유를 하는 것도 같았다. 직원 수만 얼핏 스무 명이 넘는 이 이층짜리 식당의 주 메뉴는 럭셔리 베이커리와 대망의 Korean Food. 태국음식과 이탈리아음식들도 있었지만 어디까지나 주력 메뉴는 한국음식이었다. 메뉴판에는 고급스럽게 사진작업이 된 김치찌개와 김치볶음밥은 물론이고 절대적으로 필요한 김이 있어야 하는 김밥, 고추장을 준비해야 하는 비빔밥, 아무래도 다른 소스를 필요로 하는 돈까스 그리고 거짓말처럼 짜장면도 있었다. 우리는 아직도 꿈속에 있는 것일까. 나는 짜장면을 오 선생님은 김치볶음밥을 시켰다. 신 선생님은 김치찌개. 물과 함께 김치를 먼저 가져다준다. 먼저 맛본 몇몇의 빵은 한국의 쓸데없이 비싸기만 한 일부 외국 브랜드의 수준이었음을

확신한다.

　우리가 신기해하며 호들갑을 떠는 시간은 오래지 않았다. 또다시 거
짓말처럼 음식이 나왔기 때문이다. 아주 빠르게. 머릿속에 조리에 대
한 완벽한 접근과 정리가 되어 있지 않으면 불가능한 한국음식의 시스
템. 식당이 너무나 붐벼 주방장을 만나 볼 기회는 쉽지 않았으나 주방
장은 분명 한국음식과 한국 사람에 대한 시스템을 정확히 이해하고 있
을 것이다. 김치볶음밥 위에 계란프라이를 올리는 것은 도대체 어디서
배운 걸까.

맛은.....

똑같다고 하는 것이 훌륭한 설명이겠지.

하루를 더 묵으면 어떻겠냐는 의견들이 있어 다른 숙소를 알아보는 시간을 가졌으나 지금 묵고 있는 곳과 조금도 다르지 않은 한 곳을 제외하고는 모두 외국인은 받지 않았다. 그만큼 몽유와는 아직 숨겨져 있다. 껑깡만큼 작은 귤들을 한 개에 200짯씩이나 주고 샀고 길거리에서 몇 가지의 군것질을 한 다음 숙소로 돌아왔다. 이렇게 조용하고 나지막한 밤에는 편지라도 써야 제격인데, 불행하게도 그러나 곰곰이 생각해보면 아주 다행스럽게도 대상이 없다. 그런대로 그렇게 사는 거지.

아직도 전체적으로 말이 없어진 방 분위기는 소등을 일찍 당겼다.

나는 또다시 꿈속에 빠질 테지만 오히려 일부러 그러고 싶다.

꿈을 꿀 수 있다면 눈을 뜨고 있어도 눈을 감고 있어도 마찬가지니까.

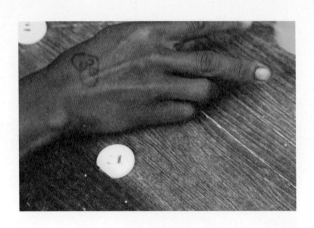

*

아침식사는 예상대로

푸짐하게 나오지는 않았다

다른 곳보다 과일에 좀 더 많은 신경을 쓴 것을 제외하고는 평상적
이고 노멀한 웨스턴 풍이었다.

만달레이로 돌아가는 시간은 오후로 잡았기에 강 쪽으로 나가 조금
걷기로 했다. 미얀마 남자들은 포켓볼을 치거나 미얀마식 돌치기를 하
며 이른 아침부터 거의 정신 줄을 놓고 있었다. 그들은 완전히 몰두했
다고 봐야할 정도로 집중했고 심지어 땀을 흘리고도 있었다. 인접국가
인 라오스와 비교해서는 안 되겠지만 미얀마 남성들의 생활전선역시
확실히 얇고 그것에 대한 참여도는 기껏해야 여성과 비슷해 보였다.

강가에는 강의 반대편으로 가는 배가 있었지만 현지인에게 500짱을

받는 것에 비해 무려 5,000짯을 요구했다. 아마 많지 않은 외국인을 보아서 그런지 바가지 자체에 대한 개념이 없었을 것이다. 남녀의 성비가 거의 9:1에 육박하는 미얀마 모든 식당들 중의 한 곳에서 러펫예를 마시고 시장을 돌다 싸구려지만 맘에 드는 선글라스를 하나 샀다.

선생님들과 다시 만나 영화를 한 편 보기로 했다. 영화를 본다는 것과 극장엘 간다는 것은 다른 의미이다. 서점에 가는 것과 책을 사러 간다는 것이 적어도 나에겐 다른 것과 마찬가지로.

우리는 영화를 한 편 보러갔는지도 모르겠지만 적어도 나는 극장에를 가보고 싶었다. 극장. 영사기에서 새어나오는 빛이 영화관의 미세한 기억들을 상기시키고 카펫에 붙어있는 시절의 추억들이 한꺼번에

날아올라 온 스크린과 망막을 어지럽히는 시간의 공간 혹은 공간의 시간. 전 세계적으로 극장에 갈 때 입는 무비룩 같은 패션은 없는 것일까? 심지어 근거 없는 공항룩도 있는 마당에.

티켓은 500짯이었다. 어제 산 작디작은 귤이 한 개에 200짯이었음을 감안할 때 둘 중 하나는 터무니없는 가격이었다. 미얀마가 확실히 변하고 있는지는 모르겠지만 길거리 카페에서 러펫예를 마시고 있는 남녀의 성비가 이곳에서는 4:6정도로 바뀌었다. 영화내용은 '영화'라고 하기에는 터무니없이 가볍고 웃기지도 않았지만 어딘지 순수한 사람들이 나와 순진한 행동을 하고 순결한 사랑을 하는 내용인 것 같았다. 이곳저곳에서 여학생들의 까르르거리는 소리와 팝콘 소리가 터졌고 그 적절한 효과음은 잠시였지만 나에게 아주 편한 숙면시간을 주기도

했다. 나는 잠에서 깬 후 먼저 나와 잠시 들른 시계탑 앞의 사원에 앉아 나만의 몽유와 마감시간을 가졌다. 벌레마저 들어오지 않던 불당에 앉아 그저 조용히 시간을 보내는 시간은 나에게 분명 필요한 시간이었다. 불당에 상주하고 있는 듯한 유달리 머리색이 까맣던 관리인은 조용히 나에게 다가와 미얀마어로 된 책자를 한 권 건네주고 갔다. 그 속에 어떤 말이 쓰여 있고 어떤 가르침이 있는지는 모르겠지만 분명 이 말은 있을 것이었다.

'너를 보라'

그는 아주 특이하게 계속해서 웃고 있는 그런 사내였다. 불자들은 수시로 부처상에게 꽃을 바쳤고 관리인은 끊임없이 그 꽃들을 정리하며 정성을 들였다. 경내에 나지막한 독경소리가 퍼졌고 창밖으로 보이던 하늘은 파란색 렌즈를 낀 것 같이 몽유와의 여정을 말끔하게 씻어주는 것 같았다.

우리는 짐을 정리하고 터미널로 와 가까스로 만달레이로 떠나는 버스를 탔다. 미얀마는 도시 간 교통편의 연결이 자주 있지 않고 상당히 불규칙적이어서 낯선 도시에 가면 반드시 돌아가는 교통편을 점검해야 했다.

몽유와를 다녀온 탓에 큰 도시의 모습을 갖추고 있는 만달레이가 아직도 생경스럽지만 밤 아홉시가 가까운 어둠속에 도착한 탓에 그런 느낌은 잠시 뒤로 빠져주었다. 버스가 내린 곳에서 숙소까지 조금 먼 길을 걸어오는 동안에 약하게 보슬비가 내렸고 우리는 잠시 이 시간이 새벽이었다면 더 좋았을 것이라며 다시 나일론 숙소로 들어왔다. 한국인은물론 외국인 여행자들에게도 아직 많이 알려지지 않은 몽유와는 우리끼리의 숨은 여행지로 남기기로 했다. 그런 포인트를 하나쯤 두는 것은 괜찮다. 마치 인도의 꺼솔처럼.

나일론의 스텝은 여전히 차분하고 친절하며 침착하다.
하루를 마치는 마지막 노정이 아이스크림이 되었지만 아직 문을 닫지 않은 나일론 아이스크림을 눈앞에서 그냥 지나칠 수는 없었다. 우린 아직 비가 내리는 거리로 거의 뛰어 나갔다.

다시 만달레이

POSTCARD

바스라질 것 같이 위태로운 토스트와
왠지 모를 물기가 가득한 버터

 그리고 겨우 뜯어서 뭉개 먹을 수 있는 마멀레이드 잼과 푸석푸석한 바나나로 구성된 아침식사를 하고 만달레이 마지막 여정인 밍군Mingun으로 향했다. 선생님들과는 자연스럽게 밍군에 같이 가기로 했다. 어느덧 나의 전용 기사가 된 쑈쑈는 의기양양하게 자기의 친구들을 이끌고 우리에게 달려왔다. 쑈쑈는 어느새 자신의 모토택시 친구들에게 근엄하게 명령을 하고 있다. 어느 여행자는 숙소가 있는 83x25 거리에서부터 선착장이라고도 불리는 제티까지 걸어서 다녀왔노라고 했지만 걷기에는 솔직히 먼 거리였다. 그리고 그런 푸석푸석하고 마멀레이드 같은 길을 꼭 걸을 필요는 없다. 걷기라면 껠로에게 미루어 두어야지.

 밍군으로 가는 제티에는 만달레이의 모든 여행자가 한꺼번에 집결해 있는 것 같았다. 얼핏 백 여 명이 넘는 외국인이 이 보잘 것 없는 강가에 몰려있다. 5,000짯 왕복. 표를 파는 직원은 앞에 있던 커플에게

거리낌 없이 누가 여자냐고 물어보았다. 승선. 나무의자가 조금의 운치도 없이 그리고 삼십 여명의 여행자들끼리도 다닥다닥 붙어있는 배의 2층에는 있을 이유가 없었다. 강바람은 어디에서건 불어왔고 강은 당연히 아무데서나 볼 수 있었기에 1층으로 조용히 내려왔다. 나는 정말이지 단체 활동에는 자신이 없다. 아무도 없는 1층에는 세월의 주름이 깊게 파인 사공 한사람뿐이어서 어떤 자세로든 마음껏 에야와디 강을 즐길 수 있었다. 사공만의 전유공간에 불쑥 들이닥친 것이 미안해서라도 경박스러운 자세로 누워있는 것은 자제했다.

    한 시간을 넘게 강을 거슬러 북서쪽에 위치한 밍군에 도착했다. 멀리서부터 보이기 시작해 거대하게 인식되어지고 있던 바로 저 건물이 밍군 대탑이다. 엄청나게 크다. 아마 현재 전 미얀마를 통틀어 가장 큰 유적이며 게다가 단일건물임에 틀림없을 것이다. 파고다만 보아왔던 즈음이라 마치 피라미드라고 해도 전혀 이상할 것이 없는 대탑의 위용은 실로 감격스러웠다.

    하지만 점점 가까이 갈수록 무너지고 금이 가버린 까닭에 벽돌로 지탱하고 있던 대탑은 누렇게 얼굴이 뜬 채로 늙어만 가고 있는 은퇴한

군인 같아 보이기도 했다. 예술적인 조형미 없이 그저 벽돌만 쌓아놓은 대탑을 보고 있노라면 실로 멕시코의 유수한 피라미드들이 얼마나 지구상의 대표작품 인지를 절감하게 된다. 밍군 대탑에서 난 어쩔 수 없이 그리고 어쩌면 당연하게도 멕시코의 피라미드를 그리워하고 있다.

가이드북에 따르면 밍군 대탑은 1790년부터 당시 왕의 지시로 천 여명의 노동자와 전쟁포로들을 동원해 7년 동안 건축되기 시작했으며 완성 아니, 완공이 되었다면 총 150미터의 높이로 인류의 위대한 마스터피스로써 지구상에서 가장 큰 탑이 될 수도 있었다고 한다. 학창시절에 배운 여주 신륵사의 전탑塼塔-벽돌탑을 떠 올리면 이 벽돌로 만든 탑이 완성되었을 경우 얼마나 거대한지 가늠하기 쉬울 것이다. 밍군 대탑은 왕의 사후 쇠락한 모든 것과 뒤이어 발생한 지진에 묻혀 밍군 대탑 앞에 지키고 있는 반은 사자 반은 용의 거대 동상과 함께 미얀마를

대표하는 유적으로 자리할 수도 있었지만 결과적으로 이렇게 밖에 남아있게 된 점, 피라미드나 거대 건축물의 팬으로써 무척 아쉽다. 아직까지는 전탑으로써는 세계 최대라는 타이틀을 가지고 있기도 하지만 이 마당에 폐허로 변해버린 사자상의 대담하고 육감적이며 사실적인 엉덩이의 굴곡을 말해서 무엇하리.

내부는 그저 조그마한 홀 속에 부처상이 있을 뿐이었고 3불을 내야지 등정이 가능한 탑의 정상은 조금 더 높은 곳에서 에야와디 강과 밍군 주변을 본다는 장점 말고는 아무것도 없다는 것이 먼저 정상에서 내려 온 여행자들의 진언이었다.

Nothing에 Absolutely가 합쳐져 폭발력을 배가시킨다면 그대로 믿어주는 편이 좋다.

   약간의 실망감을 안고 밍군종으로 향했다. 1808년 보도퍼야 Bodawpaya라는 왕의 지시에 의해서 만들어진, 러시아 크렘린 광장에 있다는 황제의 종에 이어 세계에서 두 번째로 크다는 밍군종은 무게가 무려 90톤이나 나간다. 밍군종이 완성된 이후 이 종보다 더 큰 종을 만들 수 없도록 종 제작에 참여했던 이들을 모두 살해했다는 약간은 멕시코의 마야스러운 이야기가 있다. 커다란 종 안쪽으로 몸을 기울여 들어가 보았더니 이곳에도 알아들을 수 없는 한글낙서가 있다. 이번 것은 미얀마에서 한글을 배우는 친구들의 장난스러운 낙서라고 보고 싶다. 밍군 종은 그냥 커다란 종이다.

　배가 만달레이로 돌아가는 시간까지는 시간이 많이 남아 마을 끝까지 걸어가 보기로 했다. 그곳에는 온통 하얀색으로만 구성된 사원이 있었다. 이탈리아 관광객들이 떼를 지어 온 것으로 보아 아주 무시할 만한 사원은 아닌 것 같았다. 이탈리아 가이드의 입에서 타지마할이라는 단어를 듣지 못했다면 그냥 지나쳤을 텐데 그 말을 듣고 우선은 올라가보기로 했다. 물론 밋밋하고 특색 없는 사원임을 몰랐기 때문이다.

　'흰 코끼리' 라는 뜻의 이 신뷰미Hsinbyume 파고다는 특이하게 아랫단부터 구불구불한 형상의 얇은 벽으로 진행되는데 힌두교의 영향을 받은 것이라고 하며 뜻밖에 론리 플래닛 미얀마/버마 판의 대표 표지 사진이 열 번째 판의 사진인 우 베인 다리와 열한 번째 에디션에서 인레 호수를 배경으로 한 사공의 외발 노 젓기로 바뀌기 전까지 미얀마의 대표 사진으로 계속해서 자리했었다.

　다시 승선. 여행자들의 얼굴에서 환희를 만끽한 행복감 가득한 표정을 보지는 못했다. 밍군 여행은 미얀마 여행에 충분한 날짜가 없는 경우에는 어쩔 수 없이 하루를 할애해서 다녀오기에 어딘지 조금 아까운 것이 사실이었다. 다시 만달레이 선착장으로 돌아오는 도중 개인적으로 묘하게 끌리고 마는 원더 힐을 보지 않았다면 밍군의 점수는 더 낮아졌을 것이다.

선생님들은 만달레이 힐로 택시를 타고 떠나고 나는 다시 한국식당으로 가서 외국여행 시 한국음식의 최고 우선순위들인 김치찌개와 라면을 시켜 한꺼번에 먹었다. 난 이 두 가지 음식들을 절대 지나칠 수 없다. 식당에 먼저 와 있던 한 한국여행자는 이곳에서 여자와 같이 술을 마실 수 있는 곳을 아느냐고 나에게 물어왔다. 그에게는 이 만달레이에서 그 점이 가장 중요한 여행 포인트였던 것 같았다. 글쎄 알고 있지도 않지만 설사 알고 있다고 해도 당신같이 음침한 눈을 가진 자에게는 가르쳐 주고 싶지 않은 걸. 그냥 돌아가지 그래.

오늘이 만달레이의 마지막 날이긴 했지만 이미 만달레이의 여러 코스들을 돌았기 때문에 그냥 맘 편하게 시내를 걷기로 했다. 식당의 사장님은 미얀마의 성장을 보기 위해서는 현대화 된 백화점을 꼭 가보라고 하셨다.

Diamond Plaza. 외관부터 충분히 화려하며 군데군데 아직 공사 중인 것으로 보아 앞으로 좀 더 외부치장에 중점을 둘 모양이었다. 많은 수의 청년들은 롱지를 입고 있지 않았으며 소녀들 역시 타나카를 거의 바르지 않았다. 에스컬레이터를 지날 때 한 소녀에게서는 향수냄새가 났다. 백화점에는 한국식당과 한국의 몇몇 브랜드들이 입점해 있었고 무작정 코리아라고 쓰인 간판을 달고 있던 액세서리 가게도 있었다.

이 백화점만 가지고 미얀마의 빠른 경제성장을 가늠할 수는 없었지만 밖으로 나오면 백화점 내부의 모습과 아직도 많이 다른 만달레이다. 분명히 무언가 다른

차원의 세계가 시작되고 있음을 감지할 수 있었다. 어지간하면 모든 이름에 쉐Shwe-황금 라는 글자부터 붙이고 시작하는 미얀마인들에게 이 다이아몬드로 시작하는 플라자의 이름은 왠지 엄청난 상징성이 있다고 느낀다.

중국의 진출. 우리는 어떤 대비를 하고 있는 것인가. 중국 사람은 복수를 할 때 무려 30년을 기다린다고 한다. 한 세대가 그대로 그것을 안고 사는 것이니 그 사무치는 복수심이 어떻게 전개되고 전략적으로 표출될지는 한국 사람들이 가늠할만한 수준이라고 보기에는 어렵다. 우리는 무슨 문제이든 그렇게 오래 기다릴 줄 모르고 그래서 말없이 칼을 갈지 않으며 또 의외로 중요한 것에 용서를 빨리하는 민족이다.

　백화점에서 나와 만달레이 기차역으로 갔다. 밍군에서 만났던 한 여행자는 양곤에서 만달레이에 도착하자마자 버스 안에서 만난 미얀마 여성을 따라 카친Kachin주의 미치나Myitkyina까지 기차를 타고 다녀왔다고 했고 다시 꼬박 하루를 미치나에서 혼자서 내려오던 그 구간에서 실로 엄청난 불편함과 피로감을 느껴야 했다고 거의 울먹였었다. 기차 내부에는 끊임없이 쥐들이 돌아다녔고 화장실은 처참하게 불편했으며 난방은 잘 되지 않아 추위와도 싸워야 했다고 했다. 그녀에게 미치나는 없고 오로지 미치나와 만달레이 구간의 기차여행만 남아있는 것 같았다. 미치나는 미얀마내 기독교인들의 최대거점인 카친주의 주도이다.

만달레이의 기차역에는 미얀마 제 2의 도시라고 하기에는 부족한 많지 않은 사람들이 있었다. 버스보다 시간이 더디 걸릴 뿐만 아니라 컨디션도 많이 안 좋고 게다가 어느 구간은 연착도 심한 기차는 아마 대대적인 보수와 전반적인 개편이 이루어지지 않으면 다른 교통수단에 완전히 밀려날 공산이 크다.

하릴없이 만달레이 시내를 걷다가 사이카사이클과 카를 합친 말로 자전거 택시라고 보면 좋겠다.를 타고 쩨쪼시장으로 가기로 했다. 모든 물가가 오르고 있는 가운데 아직 사이카 물가는 그대로인지 500짯에 그곳까지 가기로 했다. 다리를 들어 페달을 밟을 때 사내의 검고 얇은 종아리에선 핏

줄이 터질 것 같았고 다 떨어진 샌들은 페달에 아무런 무게를 옮기지 못했다. 결국 쩨쪼시장으로 가는 길과 반대 길로 접어든 탓에 스톱. 그는 내가 정확히 어디를 가려고 했는지 모르는 눈치였다.

5시 반이었지만 이미 많은 상점들이 문을 닫았다.

결국 조금 더 시장 안쪽으로 들어가 가판대에서 롱지를 한 벌 샀다. 서로의 감정을 상하지 않는 범위 내에서의 흥정은 붙이는 편이 좋다. 5,000원짜리를 1,000원에 사서도 안 되겠지만 10,000원에 사서도 안 되니까. 롱지는 의외로 불편한 것 같다. 롱지는 우선 친환경적이고 간편하며 가격에서도 부담이 없는 것이 장점이지만 패션 감각은 거의 제로에 가깝고 물건을 넣을 곳이 없다는 단점도 지니고 있다. 롱지를 앞으로 마는 부분에 기술적으로 물건을 넣을 수도 있지만 아무래도 주머니만큼 공간이 크지 못하고 보관성도 떨어진다. 그래서 미얀마의 남성들은 거의 상의에 주머니가 있는 옷을 선호한다고 한다.

숙소로 돌아오니 멍청하고 어설프게 롱지를 입고 있는 나의 모습이 안쓰러웠는지 카운터의 투찌가 와서 다시 매준다. 뒤에서 나를 대하는, 이를테면 내가 비누를 줍는 야릇한 자세였었지만 롱지의 완성을 위해선 그런 장면은 버텨내야 했다. 스텝들은 모두 롱지를 완벽하게 소화해 낸 나에게 아낌없는 박수를 보냈고 난 박수소리에 탄력 받아 또다시 나일론 아이스크림집으로 향했다. 맥락이 있는 동선은 아니었지만 간만에 먹은 한국음식은 또 오히려 적응이 안 되는지 대단한 갈

증만 불러왔다. 이제는 아예 가지고 다니는 튜브 고추장마저 먹기가 역겹다. 뚜껑을 열면 엄청난 화학적인 냄새가 났으며 심지어 이상한 비린내마저 나는 것도 같았다. 미얀마 음식에 화학조미료가 안 들어가는지 혹은 항상 식탁위에 놓여 있는 차가 말끔하게 그 조미료 성분을 몸속에서 녹여주는지는 모르겠지만 미얀마 여행 며칠 만에 이제는 한국 고추장은 내 몸에서 분명 다르게 반응하곤 한다.

숙소 근처에 있는 피씨방에서 이후의 일정을 연구하는 시간을 가졌다. 외국인이 보내는 메일을 미얀마 군부에서 모두 거른다는 이야기를 들어서사실은 너무 안 열렸기 때문이지만 정보만 얻는 것으로 만족했다. 속도는 참을성을 요구할 만큼 느렸지만 그래도 한글이 보이는 정보를 얻는다는 것은 대단한 축복이었다. 조금만 더 분발하면 아니 적절한 루트를 짠다면 양곤의 동남쪽에 있는 빠안Hpa-An과 몰라마잉Mawlamyine까지 다녀올 수 있을 것 같다. 미얀마 남쪽의 몰라마잉은 버마족, 샨족과 함께 미얀마를 대표했던 몬족이 대세인 미얀마 제 3의 도시라고 한다. 몬족이 역사의 뒷길로 밀려난 지금 미얀마의 3대 부족은 미얀마에서 오랫동안 패권을 유지하고 있는 버마족 그리고 가장 큰 영토를 지닌 우측의 샨족 그리고 미얀마의 최북단에 있는 카친족으로 재편성되었다.

여행에서 기계적으로 돌아가는 일정을 따라하는 것도 우스운 여행이지만 아무런 계획도 없이 그저 흘러가는 대로 여행을 다니는 것도 의외로 피곤하고 허술한 여행이다. 가지고 있는 정보가 있다면 최대한 연구해서 가장 효과적인 루트를 짜야한다. 결국, 상황에 맞춰 아주 유연하고 능동적으로 가야겠다. 내가 나한테 일정의 부담을 줄 수는 없다.

2011년을 떠들썩하게 보내던 호주 여행자들이 추천해 주었던 띠보 Hsipaw-씨쁘라고도 불리는 것 같았다. 로 가는 버스는 새벽 여섯 시 출발. 열 두 시에 출발하는 버스도 있다고 했지만 나에게는 낯선 도시에 일찍 떠나거나 늦게 출발해도 결국 아침 일찍 도착하는 것이 여행의 철칙이어서 여섯 시 버스를 타고 가기로 했다. 그 동안 계속해서 달려왔기에 이즈음에선 조금 쉴 생각이다. 바다가 있으면 좋겠지만 띠보는 완전하게 내륙에 있으며 트레킹으로 새롭게 각광받는 여행지이다. 다른 것들로 위안을 삼으면 되겠지.

*

새벽 네 시 반.
만달레이를 떠나는 시간.

호텔 문을 열고나오니 쑈쑈가 어둠 속에서 손을 번쩍 들더니 내게로 달려왔다. 간밤의 추위가 의외로 매서웠는지 그 주위에 타고 있던 나무토막들이 널려있었고 나와의 약속을 지키기 위해 밤을 새웠다고 얘기하는 모습에 그만 믿어주기로 했다. 쑈쑈는 나의 가방을 번쩍 안고 새벽거리를 달렸다. 오늘 만달레이의 새벽에는 봄이 막 시작될 시절의 여의도 새벽을 거닐 때와 같은 냄새가 났다.

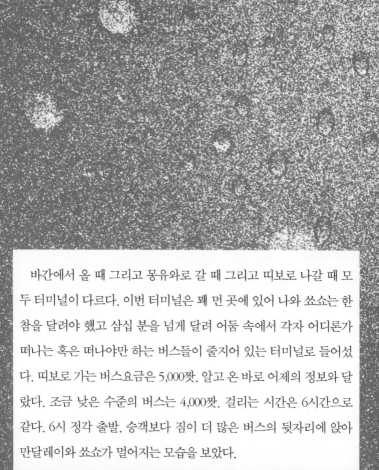

바간에서 올 때 그리고 몽유와로 갈 때 그리고 띠보로 나갈 때 모두 터미널이 다르다. 이번 터미널은 꽤 먼 곳에 있어 나와 쑈쑈는 한참을 달려야 했고 삼십 분을 넘게 달려 어둠 속에서 각자 어디론가 떠나는 혹은 떠나야만 하는 버스들이 줄지어 있는 터미널로 들어섰다. 띠보로 가는 버스요금은 5,000짯. 알고 온 바로 어제의 정보와 달랐다. 조금 낮은 수준의 버스는 4,000짯. 걸리는 시간은 6시간으로 같다. 6시 정각 출발. 승객보다 짐이 더 많은 버스의 뒷자리에 앉아 만달레이와 쑈쑈가 멀어지는 모습을 보았다.

쏘쇼.

때가 되면,

그렇지, 아이들이 이해할 나이들이 되면

다 버리고 새 장가 갔으면 해.

쏘쇼의 그림자를 채워줄 누군가가 분명히 있을 거야.

그리고는 부인을 당신의 뒤에 태우고

멋지게 사가잉 다리를 건너는 거야.

당신이 나를 그리고 예전의 부인을

안전하게 태우고 달렸던 것처럼.

나는 당신이 커브를 돌 때 나에게 보여주었던

그 세심한 호의를 기억하고 있어.

같이 노래를 부른다면 더 없이 좋겠지.

쓸데없는 아무런 노래라도 좋아.

둘이 손을 잡고 부를 수 있다면.

그러니 이젠 형의 인생을 살아.

형, 그럴 때 됐어.

멀리 끝까지 서 있던 쏘쑈에게 인사를 하러 창문을 열었을 때, 창문 틈으로 바람에 펄럭이던 그때 사가잉 숲길의 쏘쑈 점퍼소리가 들렸다. 이번 생애 쏘쑈와 나의 마지막 장면.

부디, 행복하기를.

버스가 출발하자마자 앞자리의 사내가 나에게 위스키병을 건네주었다. 얼굴전체를 감싸고 있던 그의 무표정한 표정은 반드시 친구나 대화를 필요로 하는 표정은 아니었다. 사내의 얼굴은 알코올에 찌든 나머지 이제 얼굴색이 자두처럼 빨갛게 변했다. 아무 말 없이 통째로 준 병을 애써 거부했지만 사내의 비릿한 술기운이 따뜻하게 같이 전해져왔다. 우리는 말이 없이도 서로에게 마음을 전하는 방법을 채플린의 영화에서 참 많이도 보고 배웠다.

띠보로 가는 내내 옆 자리에 사람이 타지 않아 편하게 갈 수는 있었지만 철저하게 한 시간 반마다 휴식시간을 지키는 기사의 운전습성과 계속되는 경적소리에 잠을 이룰 수는 없었고 창밖으로 펼쳐지는 농경은 또 다른 편안함을 주기도 했다. 나는 심정적으로도 만달레이를 완전히 떠난 것 같았다.

띠보
작은 쉼표

마음 가득

띠보의 하늘과 햇살

그리고 당신들의 마음을

담아 간다네.

고맙고 미안하고

그리고

역시 행복하고 감사하고.

안녕 띠보.

　나일론 게스트하우스의 스텝인 투찌는 띠보로 가는 여행객이 많지 않아 숙소예약을 하려는 나를 굳이 말렸었다.

　하지만 막상 도착해보니 띠보에서 유명세를 떨치고 있는 찰스 게스트하우스는 풀이었다. 서양 여행객들이 진을 치고 있는 내부는 앞으로 띠보가 미얀마의 방비엥라오스의 여행자 도시. 개인적으로 아주 낮은 점수에 속한다. 이 될지도 모른다는 걱정을 주기에 충분했다. 물론 안 좋은 의미에서이다. 거의 한 달 동안을 그 상태로 유지할 것 같았다. 규모가 큰 숙소였음에도 한 달 전부터 모든 방이 예약이 끝났고 조금의 여지도 없었다. 마지막 남은 방은 미얀마에서 그리고 이 한적한 작은 동네에서는 거금이라고 밖에 볼 수 없는 60불짜리 주니어 스위트. 혼자서 침대 세 개. 돌아서기에 너무나 좋은 조건이었다. 뒤따라오던 이스라엘 커플은 나의 풀이라는 외침과 신호에 멀리서부터 다른 곳으로 돌아갔다. 띠보에서 외국인 여행자들이 묵을 수 있는 숙소는 어림잡아 세 곳. 그 중에 마을 바깥쪽의 남캐마오라는 숙소를 찾아갔고 대로변에 있어 시끄러운 경적소리를 싫어하는 여행객들이 선호하지 않아 한산했다. 나는 여행객들이 북적이는 출처 없는 인간적이라는 소리보다는 차라리 기계적이고 시끄러운 차 소리가 더 편했다. 건물외벽이 온통 바래버린 핑크색으로 치장되어 있는 남캐마오는 리셉션부터 어수선했다. 체크아웃을 준비하고 있던 포르투갈 커플은 숙소금액에 대해 장황하게 투정을 부렸다. 캄보디아와 베트남, 라오스를 여행해오고 있지만 너무 숙소 금액이 비싸다는 것이었다. 두 명이서 지불해야 하는 12불. 저렴한 수준의 여행을 해오고 있는 나지만 이들은 조금 심했다. 이것 봐. 지금 바간을 가면 아마 두 배는 할 텐데 여기서부터 벌써 힘들이지 말지 그래.

나는 화장실 없는 방을 4,500짯에 받았다. 개인적으로 화장실이 방 안에 있는 것을 좋아하지 않을뿐더러 아에 왜 그래야하는지 이해가 가지 못하는 부분이다.

짐을 내리고 다음 행선지인 껄로행 버스를 알아보러 가기 위해 숙소를 나섰다.

다음 행선지에 대한 교통편의 점검은 전체적으로 해당 도시의 일정을 조율하게 만들기에 항상 처음부터 준비하는 과정이다.

코너를 돌자마자 눈에 번쩍 뜨이는 국수를 보았다. 국수를 먹고 있는 사람들의 고개가 거의 식탁에 붙어 있는 것으로 보아 분명 괜찮은 국수라고 판단했다.

아직까지 국수에 안 좋은 추억이 있지만 서둘러 자리에 앉았다.

손잡이가 없는 질그릇에 투박하지만 정성이 깃든 고명들이 듬뿍 올려있는 국수. 내가 들은 이름이 정확하다면 미에오 미셰이라는 이름의

국수. 배가 고팠던 것을 감안해도 이 국수는 내가 이제껏 먹은 국수중
물론 한국도 포함해서 단연코 탑 3에 드는 완벽한 국수였다. 반짝반짝
거리는 메추리알 두 개가 면을 들어올리기 전부터 식감을 자극하고 있
으며 콜리플라워는 건강을 염두에 둔 재료로 국물 준비 때부터 이미
그 의무를 다 하고 있었다. 씹기 좋게 잘라진 배추는 공해가 없는 이곳
에서 자란만큼 심지어 씹히는 소리가 들려 청각적으로 훌륭한 작용을
했으며 이름 모를 버섯은 급하게 넘어가는 면을 제어해주는 대접속의

나뭇잎처럼 단말마의 위치를 정확히 짚어내고 있다기보다는, 무조건 맛있었다. 여러 설명이 필요치 않았다. 고기가 양념과 버무려진 고명을 풀기 전에 먼저 국물부터 맛보았다. 맛이 깊다. 국물이 입안을 지나 식도를 타고 내려갈 때까지 느낌이 전해진다. 내가 이제껏 먹어보았던 모든 국수 중에 가장 천천히 먹어본 국수가 될 것이다. 그만큼 이 국수에 대한 나의 조심스러운 접근은 이미 허기 같은 미천한 감정을 넘었음이다. 아마 나중에 한국 어딘가에서 이와 비슷한 국수를 파는 사람이 있다면 분명 나 일 것이다. 난 이 국수에 일종의 믿음이 있으며 신념이 있고 심지어 국수 소개에 대한 사명감마저 가지고 있다. 미얀마의 최고를 만난 것 같다.

밤 시간이 확보가 되고 배가 불렀으니 급할 것이 없고 서두를 이유가 없었다. 버스 편은 왠지 뒤로 밀려났다. 띠보는 그리고 벌써부터 그래도 될 만큼 안정감 있는 곳이었다. 어느 곳에서 그런 안정감을 느꼈는지는 모르겠지만 아마 동네 사거리에 있는 커다란 나무도 한 몫을 했을 것이다. 마을 한 가운데 몇 백 년씩 자라고 있는 나무를 베어내지 않고 보존하며 공존하고 있는 사람들이 사는 마을. 마을의 오랜 어른 같은 나무와 함께 더불어 살아가는 사람들의 전형.
띠보에서는 이상한 자신감마저 생겨버렸다.

우선 이발을 하기로 했다. 어느 나라나 여행 중에 한 번씩 이발을 해보는 편인데, 이발소는 시장 같은 곳보다 시간이 좀 더 천천히 흘러가

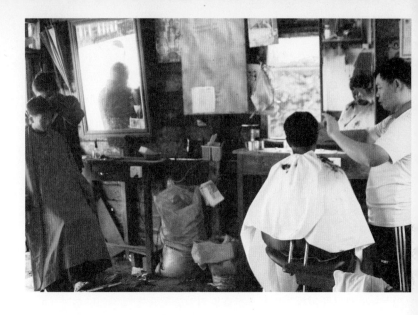

는 것 같다. 알맞은 농담이 오가고 대체적으로 커다란 문과 창문들은 기꺼이 햇빛을 마다하지 않으며 구석구석 켜켜이 쌓인 먼지들은 나보다 앞선 세월을 산 무게감이 있다. 이발소에는 의외로 느린 여행의 백미가 숨어있고 머리를 자르는 사람의 세심한 손길은 어쩌면 우리가 현지인과 부딪히는 많은 터치들의 가장 중요한 단서가 될지도 모른다. 머리모양은 당연히 중요하지 않다.

　가운을 두르고 각도가 조금 기울어진 의자에 앉았다. 나의 머리를 맡은 친구는 네 평 남짓한 이 작은 이발소 세 명의 이발사 중의 가장 막내. 주위에서는 외국인의 머리를 자르게 된 친구에게 환호를 보낸다. 침착한 친구는 한 번 웃어보이고는 능숙하고 빠르게 모든 작업을 마쳤다. 오 분도 안 되는 시간에 어쩌면 이렇게 내 마음에 쏙 들게 깎은 것이냐. 가격은 500짯. 아마 돈을 벌려는 요량으로 가게를 차렸다기보다는 마을사람들에게 봉사를 하기 위해 모인 사람들이겠지. 주는 사람의 마음과 받는 사람의 마음이 정확히 일치하는 인간계의 특이한 악수인 봉사. 하지만 우리는 이것을 가끔 금전과 연결시킨다.

빨래를 숙소에 맡기고이제는 정말 빨래를 가지고 주물럭거리는 것이 싫다. 의자를 밖으로 내와 띠보의 하늘을 즐겼다. 기분을 좀 더 내보기 위해 작은 손거울을 보며 립스틱정도는 발라보고도 싶었다. 여행을 떠나는 여성의 가방에 어떤 물건이 있는지 도무지 알 수는 없으나 갑자기 여러 가지 사정으로 우울할 때 그리고 이처럼 기분 좋은 분위기를 좀 더 산뜻하게 살리기 위해 간단한 화장품은 의외로 필요한 것 같기도 하다. 나 같으면 아예 원피스를 한 벌 가지고 올지도.

표정이 없는 한 사내가 숙소에 들어오더니 프런트에 놓여있던 종이를 집어갔다.

투숙객의 인적사항을 모조리 기록한 종이라고 한다. 아직까지 미얀마와 그 사람들에 대한 깊은 존경심을 가지고 여행하고는 있지만 분명히 이 나라는 군부독재 국가이고 그에 따른 말로 전하지 못할 무수한 일들이 있을 것임은 우리가 그런 세월을 겪었기 때문에 굳이 말하지 않아도 알 수 있다. 불과 한 달 전 힐러리 클린턴 장관이 도착한 11월 30일 미얀마 군인들은 미얀마 소수 부족들 중 가장 강경한 부족에 속하는 미얀마 최북단 카친 주의 한 지역에서 시민들에게 박격포를 발사해 무려 여섯 명이 사망하는 참극을 빚었다. 물론 이 사실은 공식적으로는 대외에 전혀 알려지지 않았다.

이 시점에서 적당한 '거리두기'는 꼭 필요한 과정이라고 생각한다.

역시 이빨이 뻘건 스텝중의 한 친구가 계속해서 말을 붙여왔지만 생각보다 붉은색은 아름답지 않았다. 띠보에서는 무엇을 어떻게 해야만 한다는 조급함이 사라진지 오래였다. 친구는 영국에서 뛰는 한국인 축국선수들의 이름과 소속팀을 모두 정확하게 알고 있을 정도로 한국에 관심이 많았다. 숙소 앞 공터에서 세팍타크로미얀마의 국민 스포츠로 한국의 족구와 비슷를 하고 있길 래 슬쩍 가서 기웃거려보았다. 현란하고 곡예를 보는 것 같은 동작들이 이어지며 네트 위로 검고 얇은 다리들이 마치 창과 같이 교차할 때는 스포츠라기보다는 거의 무예에 가깝기까지 했다.

열심히 내 뒤쪽으로 떨어지는 공을 가져다주며 나름대로 충실하게 볼 보이 노릇도 했고 가지고 있던 캐러멜도 나누어 먹으며 언젠가 저들의 부름에 활기차게 참여할 것을 다짐하며 알차게 준비하고 있었다. 왜 그랬는지는 모르겠지만 발목도 돌리며 풀었던 것 같다. 하지만 나는 멤버로써 부름을 받지 못하고 그저 코트 바깥에서 계속되는 볼 보이를 해야만 했다. 정말이지 선수 같은 수준이어서 내가 끼어들 자리도 아니었지만 아무도 관심 가져주는 이 없이 이 혹독하고 서러우며 하찮은 생활을 계속할 수는 없었다. 쓸쓸히 퇴장. 조금은 야속하기도 했다. 물론 내 쪽의 일방적인 생각이지만.

띠보의 시내는 크지 않아서 조금 걷다보면 터미널이 나왔고 찰스 게스트 하우스를 다시 만나게 되며 이발소를 거치고 다시 숙소로 돌아오는 단순한 구조의 마실을 하게 된다. 막대 사탕을 하나 물어주었더니 모든 것이 알맞게 늘어져버렸다. 숙소로 돌아와 편안한 자세에서 독서를 했고 오랜만에 노트북을 꺼내 영화를 보았다. 신카이 마코토의 짧은 애니메이션 단편들은 띠보의 크기와 너무나 잘 맞았다. 띠보에 자그마한 호수가 있었다면 더없이 좋았을 텐데.

오늘 하루는 그렇게 짧은 소품들처럼 그렇게 흘러갔다. 아니 내가 그렇게 지나가버리라고 귓속말로 꼬드겼는지도 모르겠다.

신카이 마코토의 '그녀와 그녀의 고양이' 에 이런 구절이 있다.

지축은 소리도 없이 천천히 회전하고
그녀와 나의 체온은 세상 속에서
조용히 계속 열을 빼앗기고 있었다.

띠보와의 적절한 감정의 전이.

*

　일찍 잠을 잔 탓에 일어난 시간은 여섯 시였다. 안개와 함께 아직 걷
어지지 않은 이슬은 동쪽으로 바쁘게 지나가는 트럭들의 매연 섞인 바
람과 합쳐져 길바닥에 뒤섞였다. 강가의 시장으로 갔다. 생각보다 이
르게 판을 접는 아낙들이 있었던 것으로 보아 시장의 시작시간은 아마
다섯 시 전이었을 것이다. 예전에 라오스의 어느 지역에서는 새벽 두
시에 장을 선 곳도 있었다. 아기를 업고 얼굴에 약간의 추위로 홍조를
띠고 있는 여인네들을 보며 나에게 "너는 진정으로 열심히 살고 있
는가?"라는 물음을 던질 수밖에 없었다.

　열심. 더 이상 솔직하다고 말할 것도 없는 고백을 하자면 나는 그렇
게 보이기 위해 교묘하고 계산적이며 아주 합리적인체하는 포장된 삶

을 살고 있다. 나는 그것을 끊임없이 최면화 하고 있으며 내 삶에만 그
것을 맞추기 급급했다. 관계를 부정하고 또 멀리했으며 이기 속에서만
이 결국 살아남을 수 있다는 겁쟁이의 비겁한 해법만을 들고 이 세상
에 서 있다. 치사하고 개인적으로는 나름대로 열심히 살고 있는 것처
럼 보이지만 삶 자체에 진심어린 자세로 서 있는가. 넘어지면 아마 또
다시 다른 삶으로 위장해 부정직한 삶을 살게 될 테지만 또 역시 묻고
싶다.

"그러면 만족은 하고 있는가?"

나의 마지막 보루. 자기만족.

마지막 선이 무너지면 너는 어디로 갈래?

나는 구석진 곳 찬 바닥에 앉았다. 이상이나 쫓는 혹은 쫓는 척하는
얄팍한 이상주의자는 감히 저들의 삶속에 들어갈 수 없다. 아니 같은
공간에 서 있는 것도 쳐다보는 것도 송구하다. 그래서 항상 나는 여행
지에서의 간편한 마음으로 그저 둘러보는 식의 시장방문을 꺼린다.
그들이 얼마나 평범이라는 대단한 삶을 살기 위해 그토록 치열하게
살아가고 있는지 알기에. 그리고 그런 그들이 결국 존경스럽고 대단
하기에.

나는 전체적으로 결국 게으른 내 삶의 노선을 수정할 필요가 있다.

한국으로 돌아가면 나는 다른 사람이 될 것이다. 아직 이기는 하지
만 이렇게 미얀마와 미얀마 사람들을 보고서 변하지 않는다면 솔직히
미얀마를 잘못 보고 있는 것이라는 생각이 든다.

시장에서 중국식 만두를 사와 스텝들에게 나눠 주었다. 김이 서린 만두 봉지를 받아든 그들은 완벽하게 나의 마음을 이해한 듯 두 손으로 그 만두봉지를 받아 주었다. 어제부터 라이터를 찾은 나에게 스텝 중 좀 더 이빨이 붉었던 크리스는 어디서 라이터를 하나 가져와 나에게 슬며시 내 밀었다. '쩨주 떤 바데'를 좀 더 코믹한 발음으로 했더니 모두들 즐거워한다.

2층 발코니에 정성스럽게 차려진 아침식사를 하고 숙소를 나섰다. 아마 어제의 유일한 외국인 투숙객이었을 나는 이층을 통째로 쓰는 셈이 되었다. 숙소에서 나누어 준 지도를 들고 먼저 리틀 바간이라는 별칭이 붙은 곳으로 갔다. 걷는 것을 당연하게 여길 수밖에 없는 띠보의 길을 한 시간 정도 걷고 기차 길을 건너면 왼편으로 들어가는 곳이 내

가 가고자 하는 길이었다.

Nai Shrine이라는 사당엘 들렀다.

역시 정령신앙인 낫을 모시고 있는 사당에는 미얀마의 사원 어느 곳과 마찬가지로 극도의 절제와 규제된 흐름이 있었다. 맹신과는 반대편의 모습들이었다. 다음에 미얀마에 오게 된다면 조금은 신비롭고 좋은 의미로써 괴기스러운 낫에 대해서 조금 더 알아보고 싶다. 그 길을 조금 나와서 오른편으로 가다보면 자칫 그냥 지나칠 수 있는 무너진 탑들이 힐끗 보이고 그곳이 이곳 사람들이 말하는 리틀 바간이다. 리틀이긴하다. 관리인이나 최소한의 직원이 있는 것은 아닌 것 같았다. 하긴 미얀마에서 그리고 사원에서 누구나 관리인이고 누구나 불자인지라 어쩌면 불필요한 인력일 수 있을 것이다. 하지만 리틀 바간은 무언가 안타까움을 넘어서 마음까지 속상할 정도로 너무 방치되어 있었다.

혹시 바간의 유적들과의 역사적인 관련이 있다면 응당 그런 타이틀이 붙어야 하겠지만 바간이라는 그 웅대한 이름을 가져오기에는 솔직히 많이 미흡하다. 그냥 버려진 것이 아닌 버린 것 같았다.

리틀 바간을 지나면 Bamboo Budda라고 이름 붙여진 사원과 만난다.

시골길을 가는 동안 꼬마 녀석들을 만났다. 그 어린나이에 커다란 물소를 타고 있는 것 자체가 나에게는 신기한 일이 었지만 녀석들은 소 등에 앉아 그것을 즐기고 있는 모습이었다. 딱히 어느 곳을 간다기보다 그냥 친구끼리 설렁설렁 동네 한 바퀴를 도는 모습. 나와 헤어질 때 녀석은 아예 락커의 상징인 손짓을 보여주었다. 무럭무럭 자라서 미얀마의 어른이 되어다오.

처음에 Bamboo Budda 라고 들었을 때는 부처상이 대나무로 만들어진 줄

알았다. 그래서 전체적인 분위기가 다르며 색깔도 특별하고 무언가 특이한 것을 보게 되는 줄 알고 기대했었지만 대나무로 만든 상에 온통 금박을 입혀놓아 정확하게 그것을 이해하지 못하는 나에게는 그저 평범한 부처상처럼 보였다. 아무도 찾는 이 없는 어두운 본당 안에 모셔져 있는 불상은 왠지 그곳에서 나가고 싶어 하는 것도 같았다. 바닥에 깔린 나무의 틀이 엇갈려 기대했던 대나무 불상보다 멋지고 음산한 소리를 냈고 소슬바람이 부는 사원에는 뒷마당에서 축구를 하는 어린 스님들을 제외하고는 아무런 사람들이 없었다. 소년들 아니 스님들에게 다가갔다. 기본적으로 어린 사람들이라 나를 보고는 쑥스러워하며 조금씩 물러섰다. 미얀마에서는 각 가정마다 한 명씩 의도적으로 출가를 시킨다고 한다. 자발적인 참여이든 희생이 되었든 아니면 업보가 되었든 그런대로 인생을 받아들인다면 그 인생이 그 후 부터는 자기 것이 되겠지. 패배적이고 체념하는 시각이 아니라면 무엇이 되었든 이것은 내 인생이라는 자세가 필요하지 않을까. 갑자기 먼 곳으로 얘기가 옮겨가지만 내 인생에서 가장 중요한 주제를 준 사람 중의 한 사람인 커트 코베인(너바나의 음악을 아주 많이 좋아하는 편은 아니다. 은 마지막까지 자신의 삶에 대해서 고민했다. 그는 결국 중심을 못 잡아 불균형하고 위태한 삶을 살아가고 있는 자신을 경멸했다. 마지막까지 지켜내지 못해 괴로워했던 것은 삶을 받아들이는 자세, 곧 애티튜드였다. 삶의 자세를 잘 잡는다면 어떤 것에도 치우치지 않고 똑바로 갈 수 있다고 믿은 그는 그렇지 못한 자신을 극도로 비관하며 기꺼이 방아쇠를 당겼다.

어린 친구님들. 부디 자세를 잘 잡으시고 또 그것을 우리에게 가르침해 주소서.

그러나저러나 코트니 러브, 잘 살고 있어?

슬쩍 공을 받는 척하며 대뜸 무리 속으로 들어갔다. 스님들은 공을 나에게도 패스하며 나의 입성을 무언으로 반겼다. 미얀마 승려들의 옷 색깔은 남자는 자주색 그리고 여자스님들은 옅은 분홍색으로 보아왔다. 모두가 자주색 가사를 두르고 있는 사이 분명 분홍색 가사가 어울릴 것 같은 스님이 계셨다. 입술과 태도 그리고 목소리에는 분명하게 여성이 있었다. 어떤 연유가 있는지는 모르겠지만 그리고 혹시 정식으로 승려가 되기 전까지의 의복은 통일된 색이었는지도 모르겠지만 아직 밝히지 못하는 스님의 작은 역사가 있는 것 같아 마음이 무거웠다. 덩달아 공도 무겁게 느껴진 나는 헛발질을 하기가 일쑤였고 물론 일부러 우스꽝스러운 연기를 한 탓이겠지만 엉뚱한 곳으로 차 대던 공을 주워오기도 바빴다. 공을 찰 때는 그저 어린아이로 바뀌던 스님들. 어느새 마당으로 볕을 쬐러 노승이 나타났고 그 다음 순위쯤 되는 또 다른 노승도 얼굴을 내밀었다. 한국에서 온 여행자를 그들은 그렇게 사원의 널찍한 바깥마당처럼 반겼다. 많이 야위고 몸이 불편해 보이던 노승은 다른 노승이 장난을 계속해서 치자 뒤에서 한 손으로 등을 치고 밑으로 숨는 그저 웃고만 있다. 그 나이에 그런 장난이 가능이나 한 건지는 모르겠지만 절대 가벼워 보이지는 않았다. 경내에 바람소리가 섞인 종이 울리고 스님들은 본당으로 모두 들어갔다. 혹시 나중에 들를 샨 족 마을에서 만날 아이들에

게 주려고 산 볼펜을 꺼내 스님들께 드렸다. 당연히 두 손으로 드렸다. 이들 앞에 서면 무언가 배운 것 같은 심정이 든다. 아마 누구라도 그랬을 것이다.

사원을 나와 폭포까지 가볼까 하다가 돌아서기로 했다. 조금 멀었고 막상 폭포에 도착하면 무엇을 해야 할지 몰랐다. 폭포라는 것은 그렇게 약간 애매한 구석이 있다.

다시 마을로 나오다 미쎄쓰 팝콘이라는 곳을 들렀다.

바간에서 만달레이로 올 때 버스에서 만났던 아일랜드 친구를 만났고 그들은 그 사이 빠안과 몰라마잉을 다녀왔으며 그 구간을 다니는, 절경을 자랑한다는 페리는 현재 운행이 중단 되었다는 소식도 일러주었다. 그 친구는 이 띠보가 너무 좋다며 무려 일주일을 지내고 있다고 했다. 호주에서 일하고 있다고는 했지만 분명 돌아가기 싫은 표정이었다. 아니 이곳에 더 머물고 싶은 눈빛이었다. 미쎄쓰 팝콘은 원래 팝콘 공장이었는데 지금은 문을 닫았고 그 명맥만 유지하며 식당으로 운영되고 있다고 한다. 채소가 듬뿍 들어간 인스턴트 라면과 귤 그리고 아주 맛있는 감자튀김과 차까지 500짯. 장사를 하는 사람이 아니라고 생각하면 될 것이다.

경찰서에서 왼쪽으로 꺾어져 샨족 마을까지 조금 걷다가 다시 숙소로 돌아오는 길에 결혼식을 하고 있는 것 같은 식당을 지나치게 되었다. 조금은 기대했던 샨족마을을 돌아선 이유는 좁은 길 입구에 포진하고 있던 거칠기 그지없이 짖어대고만 있던 너 댓 마리의 개들 때문이었다. 세상의 수많은 모든 동물들 중에 저렇게 짖어대는 동물은 개가 유일하다.

슬쩍 기웃거리기가 무섭게 나는 중앙홀로 인도되었다. 피라미드 회사 방문판매원들의 교육현장 같은 떠들썩한 분위기속에서 나는 한국에서 온 여행자로 소개되었다. 카메라를 들고 있던 나는 자연스럽게 결혼식의 사진사로 참여하게 되었다. 이 자리는 결혼식을 끝낸 후의 피로연 같은 분위기였다. 한국처럼 부부가 손을 잡고 테이블을 돌면서 사람들에게 같은 인사를 하고 손님들은 풍성한 덕담들을 나눠주는 것으로 그들을 축하하는 것 같았다. 부부는 그 나이에 과연 가정을 꾸리고 아이를 낳아 잘 지낼 수 있을까하는 의문이 들 정도로 어렸다. 신랑과 신부가 화장을 과하게 한 것을 감안하면 분명 10대 후반의 나이였을 것이다. 요즘 한국에서 그 나이의 친구들은 어떤 생각을 하고 살고 있을까. 한국에서는 고등학교 시절부터 대학교를 지나 사회에 처음 내 딛을 그 몇 년 동안의 시간이 한국 전체의 블랙홀인 것 같다. 모두들 빠져나오지만 결국 결혼을 한 후 아이를 낳

으면 다시 그곳으로 들어가 버리는 어둠의 구간. 중학교 때 아빠, 엄마의 손을 잡고 많은 것을 본다면 상상할 수 없었던 시야가 넓어지고 생각지도 못했을 경우의 수를 늘릴 수 있을 텐데.

처음 기웃거릴 때는 술과 고기가 푸짐하게 차려진 테이블에 안내될 줄 알았었는데 온통 러펫예와 케이크뿐이었다. 러펫예를 한 열 잔은 마신 것 같다. 잔이 비면 누군가가 앞 다투어 내 잔을 채워주었고 이곳에서 흔치 않은 케이크를 이방인이 모두 먹어치울 수는 없어 케이크는 조금만 먹었다. 몸속에 피 대신 러펫예가 돌고 있는 것 같다. 약간 어지럽다. 나중에 사진을 보내줄 생각으로 주소를 물어보니 모두들 주소에 대한 이해와 개념이 없었고 아무도 못 알아들은 탓에 기약 없는 안녕을 했다. 부디 이제까지 참을성 없이 실패한 수많은 바보 같은 결혼

선배들의 길은 따르지 말기를.

  지도에는 사거리를 조금 지난 곳에 힌두사원이 있다고 소개가 되었
었지만 정작 가보니 이슬람 사원이었다. 미얀마 불교도들에게는 힌두
와 이슬람의 엄청난 차이가 아직 자리를 잡지 못했나보다. 사원을 들
어가려하니 입구에서 축구를 하던 어린 무슬림들이 나를 제지한다. 어
린 친구들의 모습에서 갑자기 어른의 동작과 말투 그리고 눈빛이 묻어
나왔다. 나는 반바지 차림은 아니었다. 미리부터 긴 바지를 입고 왔었
다. 멀찌감치 나를 보고 있던 사내가 어린 아이들을 물린다. 갑자기 이
곳저곳에서 미얀마 무슬림들이 나를 향해 모여들었다. 어째서 이들 앞
에서는 자세가 경직되고 긴장이 되는 것일까. 고작 한국에서 왔으며
가방을 메는 시늉을 하며 여행자임을 밝히는 것 이외는 별 다른 말을
나눌 수는 없었지만 그저 같이 둘러서서 서로 간에 어색한 미소를 보
내기만 하는 것으로도 순간적으로 만들어진 남자들끼리의 연대감이
조금 있었다. 사진을 찍어도 되냐고 하니 단호하게 그러나 정중하게
거절했다. 만달레이에서 무슬림 사원을 방문했을 때보다 훨씬 부드러
운 제지였다.
  사원을 둘러보고 나갈 때가 되었다. 아까 모였던 무슬림들이 나를
배웅했다. 빙 둘러선 그들과 악수를 시작했다. 손과 손을 맞잡는 동작
에 그 어떤 이념이나 감정이 들어갈까. 인간이 동물과 비교가 되는 여
러 척도 중에 웃을 수 있다거나 직립을 한다거나 도구를 이용할 줄 아
는 근대적인 접근보다도 이제 손을 맞잡는 행위가 발표되어야 할 것

이다.

신체를 통한 감정의 전달. 그리고 그것은 서로의 체온은물론 마음까지 전달되는 키스와는 다르고 그 이상의 어떤 것보다도 신성한 바로 성스러운 악수이다.

우리는 언제쯤 모두가 함께 손을 잡을까.

사내의 손을 잡았다. 이 지역의 젊은 무슬림 지도자 인 듯 했다. 투박한 손마디에서 느껴지는 그간의 삶은 두 번째 맞잡은 사내의 손에서도 느낄 수 있었다. 차례차례 손을 잡고 이제 마지막 사내까지 왔다. 아마난 마지막 사내까지 오는 동안에 그간 몇 년 동안 가장 무거운 갈등을 했을 것이다. 조금 전 그 마지막 사내가 나타날 때 나는 분명히 보았다. 양 손이 없던 것을.

악수를 이미 시작했을 때는 미처 인식하지 못했다. 과연 그에게 상처를 줄지도 모르는 이 짓거리를 꼭 해야 했냐는.

사내는 먼저 두 손 아니 두 팔을 내밀었다. 마음속에서 울음이 터졌다.

형제여, 당신이 고민한 흔적을 내가 먼저 가늠했어야 했는데 미안하오.

이제껏 한 번도 느껴보지 못한 질감의 팔을 잡았다. 끝이 뭉툭하게 잘려진 두 팔은 다른 손보다 온도가 제길, 높았다. 다른 사람과 다르지 않던 친구로써의 굿바이.

난 미얀마에서 주체할 수 없는 그들의 모습을 접해오고 있다.

나는 미안했지만
그보다 더 행복했다.
진심으로.

어제 미리 사 둔 껄로로 떠나는 버스는 낮 한 시 반에 출발. 대로변의 허름해 보이던 Golden Doll이라는 뜻의 숙소 앞에서 버스는 출발한다. 15,000짯. 외국인과 내국인 모두 일괄요금이다.

어제 세팍타크로를 하며 나에게 다가서지 못했던 사내들이 오늘은 숙소 이층에 서 있는 나를 보자 멀리서 일제히 손을 흔들어 준다. 모두들 갑자기 그랬다.

당신들이 그제 나를 부르지 않았던 것이 수줍고 어색해서 그런 것을 이미 알고 있답니다. 지금 흔드는 그 손이 오히려 어제보다 더 나를 반기는 걸요. 다음에 오면 꼭 같이 공을 찹시다. 단, 실력은.

띠보를 떠나면서 마지막으로 정했던 일은 역시 전골국수를 먹는 것이었다.

당장은 한국음식이 있다고 해도 당연히 이 음식을 먹었을 것이다. 어제부터 지나치게 호들갑을 떨며 국수에 대한 찬사를 늘어놓던 나를 중국계 주인은 오늘도 착하기 그지없는 미소로 반겼다. 이런 주인이라면 음식에 당연히 손님에 대한 정성이 더 들어가게 마련이다. 나는 한국이건 어디건 식당을 고를 때 사람이 많은 곳으로 가기보다는 주인이나 종업원들이 친절한 곳으로 가는 편이다. 음식은 맛보다 정성이며 그 정성은 재료에서 나오는 것이 아니고 주인의 마음에서 나온다. 그런 점에서 이 미얀마 식당은 이곳에 있기가 너무 아쉽다. 양곤사람들

에게 이 국수를 알리기 위해서라도 양곤으로 어서 진출하라고 하니 자신은 양곤같이 복잡한 도시가 싫다고 하며 손을 젓는다. 하긴 이 띠보에 적응 된 사람이라면 양곤 같은 대도시는 가당치도 않겠지.

　체크아웃을 하고 크리스 그리고 툼툼과 작별을 했다. 찰스 게스트하우스에 너무 손님을 많이 뺏기는 것이 억울한지 찰스의 사장은 너무 거만하고 목과 어깨에 힘이 들어갔다며 간단하고 익살스러운 마임으로 그 사장을 표현해냈다. 한국 친구들에게 많이 소개를 해 달라며 주인보다 더 주인의식을 가지고 있던 크리스와 툼툼.
　걱정하지 마.
　미얀마에 오는 한국 사람들은 어느 정도는 그리고 어떤 의미에서는 걸러서 오는 사람들이야. 그리고 미얀마는 그런 곳이라고, 아무나 마음대로 혹은 함부로 오는 곳이 아니라는 것을 우리 모두는 잘 알고 있어. 특히 띠보는.

버스는 조금 늦게 도착해서 껄로로 떠난다.

띠보.

특별하게 생각한 여행지는 아니었지만 마음 가득 띠보의 하늘과 햇살

그리고 당신들의 마음을 담아 간다네.

고맙고 미안하고 그리고 역시 행복하고 감사하고. 안녕 띠보.

껄로
내 미래의 고향

껄로의 중심부는 띠보만큼 작았다.
부담이 없는 거리며 상점들과 집들은
그저 하나의 공동체라고 해도
좋을 만큼 편해보였다.
이곳 사람들 모두에게는
껄로가 지금 자신들의 삶의 터전이자
오래전부터 살아온 고향인 것 같았다.

만달레이 외곽과 삥우린Pyinoolwin을 거쳐 껄로에 내린 시간은 새벽 세 시였다.

만달레이에서 껄로로 갈라지는 길까지의 길 사정은 그런대로 괜찮았지만 고산지대에 위치한 껄로로 올라가는 구불구불한 산길에서는 쉽지 않은 고전을 해야 했다. 세계에서 가장 피곤한 길이라는 별칭이 붙은 길은 없겠지만 아마 그 중에 하나라는 타이틀정도는 붙을 만했다. 북페루의 산악지대를 도는 느낌. 차차뽀야쓰에서 내려올 때 그랬다. 좁은 흙길을 야간에 오로지 버스 불빛과 달빛만으로 의지해서 오르내리는 것은 쉽지 않았다. 맞은편에서 트럭들이 내려오고 있을 때는 어쩔 수 없이 기다리며 피했어야 했고 낡은 버스라 탄력을 받아가며 오를 수도 없었다. 중심을 잡고 잠을 잔다는 것은 묘기에 가까웠다. 너무나 휘청거렸기에 분명 살이 조금 빠졌을 것이다. 껄로에 들어오자마자 빨리 내리고 싶은 마음에 호텔이름들이 듬성듬성 보이는 곳에 무턱대고 내려버렸다. 에어컨 바람만은 피하고 싶었고 그 곳이 어디이든 우선 신선한 공기를 마시고 싶었다. 하지만 어두운 새벽거리에서 나를 반기는 것은 잔뜩 경계하며 짖어대던 개들뿐. 그 시간에 어째서 그런 곳에 있었는지는 모르겠지만 어둠 속에서 오토바이를 타고 홀연히 나타난 소년이 없었다면 난 숙소를 백 여 미터 앞에 두고 인생에서 가장 지친 새벽걸음을 했을 것이다. 무언가 답례를 하고 싶었지만 친구는 벌써 오토바이를 돌려 어둠속으로 사라졌다. 나중에 거리에서 보게 되면 꼭 아는 척을 꼭 해다오. 피자나 같이 먹자.

띠보에서부터 예약을 한 숙소로 들어갔다. 미얀마의 극 성수기라 즈음의 여행지 숙소는 예약을 하지 않고 갈 수 없었다. 야메라는 이름의 직원은 새벽시간이었지만 짜증나는 기색 없이 나를 손님으로 모셨다. 방에 짐을 풀고는 마당으로 나와 껄로의 공기를 마셨다.

정신을 차릴 수 없을 정도로 맑았던 껄로의 새벽공기는 그제야 나를 부드럽게 감았고 나 역시 그 속에 포근하게 안겨 들어갔다.

*

늦게까지 잠을 잘 것 같았지만 무엇 때문인지 일찍 일어나버렸다. 소음 따위는 없었다. 소음이나 시끄러운 어느 것도 이 껄로와는 어울리지 않았다. 숙소는 오늘 풀이라고 했지만 거의 인기척이 없을 정도로 여행자들은 조용했다. 홍진을 벗어난 이 껄로의 컨셉을 잘 이해하고 있는 듯 했다. 호텔 별관에서 조용히 앉아있던 호텔의 사장아들은 그 부드러운 분위기와 맑은 대기 때문인지 벌써부터 취해있다.

껄로의 중심부는 띠보만큼 작았다. 부담이 없는 거리며 상점들과 집들은 그저 하나의 공동체라고 해도 좋을 만큼 편해보였다. 이곳 사람들 모두에게는 껄로가 지금 자신들의 삶의 터전이자 오래전부터 살아온 고향인 것 같았다. 간간이 커다란 트럭들이 다니는 대로에는 젊은 부부가 유모차를 끌며 지나갔다. 그들은 천천히 도로 위에서 대화를 나누며 걸었고 그러한 행위는 무척 익숙한 것처럼 보였다. 학교 앞에는 수많은 오토바이들이 있었는데 다름 아닌 아이들을 하교시키는 것이었다. 학교로 들어갔지만 외국인은 들어올 수 없다는 규정 때문에 그저 밖에서 아이들이 재잘거리는 소리만 들어야 했다. 학교에 외국인이 들어갈 수 없는 것은 아마 미얀마의 몇 가지 안 되는 흠일 것이다. 역시 미얀마에서 몇 군데 안 될 네팔식당으로 들어갔다. 같은 계통의 동양인이었지만 네팔인과 미얀마인을 구별하기는 쉽지 않았다. 그쪽 나라 특유의 이를테면 마살라향이 가득한 볶음밥을 시켰고 옆자리의 중국인 청년들과 합석했다. 띠보에서도 한참을 오른쪽으로 들어가 중국과 국경을 맞대고 있는 무세Muse라는 지역에서 여행을 온 그들은 미얀마 태생이지만 중국인임을 분명히 했다. 띠보이후로 있는 라쇼Lashio와 쿳카이Kutkai같은 도시들은 거의 중국인들의 터전이라고 해도 좋을 정도로 이미 중국화 되었다고 한다. 대륙인의 기질을 마음껏 뽐내듯한 상 가득하게 시켜놓은 음식과 술은 두 사람의 양이라고 하기엔 확실히 많았다. 친구들은 한자로 써 보인 나의 이름을 거의 한국의 발음과 유사하게 발음했다. 랴오밍리와 양가샹. 친구들은 근처의 어느 곳으로 여행을 갈 것이라고 했는데 나와 동참을 할까하고 순간적으로 고민했지만 결국 누군가는 나를 오토바이 뒤에 태워야했기에 역시 순간적으로 결정한 것 같았다. 대륙의 친구들 앞에서 고작 그들 앞으로 나온 반찬인 튀긴 땅콩을 집어먹는 나의 모습이 조금 미덥지 못했나보다.

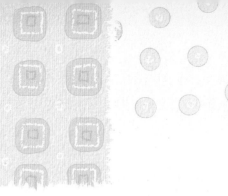

　시장으로 가서 빨간 장미와 백장미를 한 송이씩 샀다. 껠로로 오기 전부터 혼자서 생각하고 있었던 거창한 계획이었다. 이로써 농담 같지만 껠로에서의 나의 계획은 어여쁜 여자를 방으로 초대하는 쪽으로 바뀌었다. 원래는 하얀 국화를 사려고 했지만 너무 무거운 느낌이 났고 시장에서도 찾을 수 없었다. 대가 길고 굵은 장미 두 송이는 생각보다 운치 있게 방 안의 보온병 속으로 들어갔다.

　껠로를 대표하는 프로그램인 트레킹은 하지 않기로 했다. 언제부터인가 어울리지 않게 무릎이 좋지 않기도 했지만 의외로 계획대로 움직이는 트레킹을 좋아하지 않는다.

기차역으로 가는 길에는 몇몇의 소년들이 하늘로 연을 날렸다. 하늘을 보며 연을 날리고 있는 소년들의 표정은 무심했다. 아마 마음속에 또 다른 연이 날아가고 있었을 것이다.

멀지않은 거리에 있던 기차역에 들어가 마침 대기하고 있던 열차에 올라탔고 무턱대고 너덜너덜하고 먼지가 폭신하게 내려앉은 자리에 앉았다. 민따익Mintaik이라는 마을로 간다고 했는데 그 이후로는 전혀

이야기가 이어지지 않았다. 단지 표가 있어야 한다는 몸짓은 알아들었다. 역무실로 들어가 표를 사려고하니 여권을 달라고 한다. 기차를 타는데 여권까지 가지고 왔어야 했는지는 몰랐다. 게다가 기차는 민타익 마을로 가는 마지막 기차이며 다시 껄로로 돌아오는 편은 없다고 한다. 무작정 앉아 기차를 타고 갔다면 생소한 곳에서 돈도 없이 엉뚱한 하루를 보냈을 뻔 했다. 그동안 몇몇의 여행자들에게서 미얀마 기차에 대한 장엄하고 구체적인 경험담을 들었기에 미얀마의 기차여행은 정차하고 있는 상태에서 5분 정도로 마감할 것 같다.

기차역 앞에 있는 모토오토바이를 타고 퍼야로 향했다. 1,000짱을 주었는데 그 가격은 왕복이었는지 기사는 사원 마당에서 돌아가지 않고 기다리고 있다.

띠보와 마찬가지로 Bamboo Paya는 특색이 없었다. 지금까지 미얀마에서 여러 종류의 많은 방문을 했지만 가장 짧았던 방문지가 될 것이다. 신발을 벗어놓고 들어갔다 왔더니 녀석 한 마리가 나의 신발 끈을 물어뜯고 있었다. 결국 한 쪽이 뜯겨져 나간 끈을 다시 메려고 하니 미지근한 물기가 묻는다. 아주 잘근잘근 오래도 씹었나보다.

모토 기사는 나를 태우고 다시 기차역으로 달리고 있었지만 적당한 길에서 내려 걸어 내려오기로 했다. 지나가는 아이들은 낯선 사람에게 갖는 기본적인 경계감도 없이 그저 웃고 까불기 바빴다. 또 다른 의미의 녀석들에게 과자를 한 봉지씩 쥐어주니 처음에는 주저하다가 모두 받았다. 누나쯤 되는 친구가 남동생에게 인사를 하라고 무언의 눈빛을 보냈고 난 처음에는 1,500짱이라고 들은 과자 값을 무려 네 봉지 150짱에 다시 계산했다. 천천히 껄로의 산마을을 내려오는 길은 간간이 개들이 따라오며 으르렁대는 것을 제외하고는 아무런 부담이 없는 길이었다. 나중에 들어보니 사원에서 껄로 시내까지 내려오는 길은 껄로의 1일짜리 트레킹 길이 지나가는 길이라고 했다. 굳이 비용을 지불하면서까지 그 길을 가이드와 함께 걸어야 할까. 껄로의 모든 곳이 온통 트레킹의 천국인데.

오후가 되자 갑자기 껄로에는 산바람이 불었다.

　　고산지대여서 그랬는지 바람은 예비 없이 직진해왔다. 아마 이 바람
은 어떻게 보면 하루의 끝인 새벽까지 이렇게 불어줄 것 같았고 가뜩
이나 없던 사람들은 일찌감치 집으로 몸을 숨겨 그나마 남아있던 온기
를 껄로로부터 걷어갔다.

어둑해진 버스정류장 모퉁이에 있는 선술집에서 럼 여섯 잔과 꼬치구이를 먹고 귀가했다. 술을 천천히 즐길 줄 모르는 나는 얼핏 30분도 되지 않은 시간에 자리를 파했다. 사이좋게 방을 지키고 있던 장미는 그 간 서로에게 마음을 주었는지 다정하게 붙어있었다. 서로 의지하는 것만큼 든든한 감정은 없겠지.

잠시 쓸쓸한 기운이 들었다. 독한 럼과 바람 부는 껄로거리는 여지 없이 나를 구석으로 몰아갔다. 취하지 않은 술과 바람, 밤과 어두운 거리의 골목길이 합쳐진 길을 걸어온 것은 나의 잘못이었다. 나는 걷잡을 수 없이 가라앉아 갔다. 내가 어찌할 수 없는 능력의 바깥.

억지로라도 신나는 기분을 만들기 위해 음악을 들었다. 아마 나 역시 뛰고 싶었나보다. 레오 까라 감독의 '나쁜 피'에서 드니 라방이 거리를 미친 듯이 달릴 때 나왔던 보위의 모던 러브.

I'm standing in the wind,
I'm lying in the rain,
But I never wave bye-bye.

빌어먹을. 오늘 밤 망했군.

숙소 주인장의 얘기에 따르면
오늘은 껄로에서 열리는 5일장 중 가장 규모가 크고
어느 면에서는 '아름다운' 첫 장날이란다.

서둘러 아침식사를 하고 시장으로 향했다. 어제부터 괜히 내 앞을 서성거렸던 사내가 결국 내 동선을 앞질러 마침내 내가 당도하고야 말 길 끝에 나를 보며 서있다.

미국인. 브루스 보겔.

안타깝게도 닉스와 양키즈를 모두 싫어하는, 한국인 부인을 둔 뉴욕 퀸즈에서 온 사내.

그리고 심한 배탈로 5일이나 이곳에서 계획과 달리 쉬고 있다는 브루스.

브루스는 아마 바간에서 물을 잘못 사용해서 그런 것 같다고 했다.

바간의 물은 확실히 주의할 필요가 있긴 했다. 화장실의 수도에서는 아주 흐린 땅콩 껍질색의 물이 나왔고 그 물로 양치질을 했다간 그대로 에야와디 강물을 마시는 것과 다르지 않았을 것이다. 나는 어디를 가던 양치질은 생수로 해야 한다는 입장이었지만_{인도 여행 때부터 이 점을, 배웠다} 브루스는 더 나아가 마지막에 칫솔을 닦을 때도 생수로 닦아야 한다며 나름 강경한 입장을 보였다. 칫솔질에서만큼은 극우적이었다. 각자의 상황이 있으니 당연히 이해해야 할 것이다.

그리고 뉴욕이라.

십 여 년 전 무작정 뉴욕에 끌려 그곳에서 산 적이 있다.

방 한 칸을 세놓는다는 한국인 유학생과 접촉 후 한 달도 안 돼서 나는 마침내 그렇게 열렬하게 흠모했던 뉴욕에 당도했다.

아파트의 벨을 누르고 '접니다.' 라는 말로 시작된 90일간의 나의 뉴욕일기.

내가 석 달이나 살았던 동네는 그리스 이민자와 은퇴한 원로 이탈리아 마피아들의 거주지인 아스토리아라는 곳이었다. 가을의 시작 무렵에 도착한 그 해의 뉴욕에는 양키즈와 메츠가 "Once in a lifetime!!" 이라는 제호로 뉴욕 타임스 헤드라인을 장식했을 때였고 역시 몇 십 년만의 폭설로 전철까지 불통되었던 때였다. 나는 엉터리 바닥을 달리는 영어실력으로 맨하탄의 한 한국인 보석가게에서 일하며 그야말로 뉴욕 라이프를 즐겼다. 허드슨 강이 흐르는 아스토리아 뒷길의 산책은 햇빛 자체가 다른 일요일, 그곳에서 가장 훌륭한 일이었다. 메트로폴리탄과 자연사 박물관, MOMA와 구겐하임 미술관, 브룩클린 뮤지엄 등은 최고라고 하기엔 너무 격이 달랐다. 뉴욕은 그쪽에서는 가히 천국이었다. 이제까지 여행을 해 오고 있으며 많지 않은 나라들을 다니고 있고 멕시코라는 나라에 대해서 자신감 있게 사랑한다고 말하고는 있지만 사실, 그런 것들과는 별개로 가장 그립고 사랑했고 꿈같은 시절은 나의 아스토리아 시절이다.

뉴욕에서의 석 달.

죽는 날까지 가지고 갈, 내 평생의 가장 아름다운 기억.

아주 착한 인상의 브루스는 수첩에 넣어둔 딸의 사진을 보여주며 정확한 발음으로 얼마 전 '돌'을 치렀다고 했다. 세상의 모든 아빠들이 가진 딸에 대한 미소. 아주 많이 부러웠다. I Like 보다 I Love를 쓰며 한국에 대한 애정을 보여준 그. 한국인 부인을 둔 탓에 시장에서 브루스는 감자나, 배추 같은 것을 역시 정확히 짚어내고 발음하곤 했고 심지어 계피를 맞추었다.

우리는 시장을 같이 걸었다.

브루스는 시장에서 열심히 일을 하고 있는 사람들에게 카메라를 들이대는 것에 대해 심한 반발감과 경멸감을 가지고 있는 나와 입장이 같았다. 그저 조용히 둘러보면 그 뿐. 돈을 벌러 나온 생활의 최전선에 있는 사람들에게 물건을 사지 않을 것이라면 사진을 찍는 것은 삼가는 것이 합리적이지 않을까.

정말 살 물건이 없다고? 잘 찾아봐.

브루스는 바간에서 호스카에 대한 대단히 안 좋은 경험도 가지고 있었다. 보통 선셋에 맞춰놓는 투어시간은 일찌감치 오후 세 시에 끝났고 중간에 허락도 없이 멋대로 호스카 드라이버의 여자 친구가 동승, 그들의 시시덕거리는 소리를 들으며 마땅히 호젓함이 생명인 바간의 마차투어를 망쳐야했다고 했다. 그는 무슨 투어를 했는지도 모르겠다며 힘주어 중국인이라는 말까지 덧 붙였다. 바간까지 중국계가 들어와 있는지는 모르겠지만 중국에 관한 것은 모조리 싫어하고 말 것이라는 결의가 가득해 보였다.

어제 인레호수로 들어가는 거점지역인 냥쉐Nyaungshwe로 가는 버스 시간을 알아보다가 만났던 여행사 주인을 시장에서 만났다. 미얀마 사람 대개가 그렇듯 사람 좋아 보이던 그녀는 시장에서 두부를 사고 있었는데 배탈에 좋은 음식을 추천해 달라고 하니 생강을 달여 마시라고 했다. 주변의 상인들도 연신 생강을 집어 들며 엄지손가락을 펼쳤다. 배가 아프다는 표현은 얼굴을 찡그리며 배를 문지르고 뒤를 가리키는 방법이면 됐다. 그 역할은 오해가 없는 선에서 내가 맡았다. 감자처럼 커다란 생강을 그냥 주었지만 그럴 수는 없었다.

브루스는 도저히 안 되겠다며 다시 병원으로 가고 난 숙소로 돌아와 냥쉐로 가기 위해 짐을 꾸렸다. 껄로가 좋았지만 인레호수가 있는 냥쉐는 껄로로 오기 전부터 머릿속을 맴돌았다. 프런트에는 브루스에게 주라며 한국의 배탈약을 두고 왔다. 아마 그때 뉴욕 어딘가에서 한 번 정도는 스쳤기에 이곳에서 다시 스친 것 일거야. 잘 가게 친구.

냥쉐로 떠나는 픽업트럭이 10시에 위너 호텔 앞에서 선다는 정보를 듣고 나왔다.

늦게 왔다고도 볼 수 없는 차가 10시 반에 왔지만 요금 문제로 잠시 실랑이를 했어야 했다. 3000짯. 어제 알아본 요금은 아침 일찍 떠나는 대형버스가 2,500짯. 작은 크기에 대형버스에 탈 사람의 인원수가 고스란히 지붕까지 차 있는 이 차가 그런 가격을 받을 수는 없었다.

외국인에게 돈을 더 받는 것은 그 나라와 그 사람들의 사정이니 무어라고 할 수는 없지만 과도한 것은 문제가 있다고 생각한다. 결국 절제된 연기를 선보인 나는 500짯을 손에 넣을 수 있었다. 솔솔 불어오는 매연냄새가 지독하게 얼굴과 속을 자극했지만 껄로에서 아웅반Aungban을 거치고 헤호Heho공항을 지나 쉔양Shwenyaung-냥쉐로 들어가는 정선으로 가는 길은 그쪽에 어떤 사람들이 사는지를 보여주는 정확한 표현인 것 같았다.

산과 들 그리고 고개는 이렇게 말했다.

우리는 이런 곳에서 산답니다.

인레

호수에 물들다

호수는 원래
물 흐르는 소리가 나지 않으며
그래서 무릇,
머물지 않는 강과 바다와
태생적으로 다르다.
떠나지 못하고 머물러 있는 호수.
이 여행이라는 거대한 떠남과의
정면충돌.

두 시간이 넘어 도착한 쉔양 정선에서는 냥쉐로 들어가는 택시를 타라며 6,000짯에 흥정을 해 왔다.

외국인 퍼밋이 없는 오토바이틀은 2,500짯이라고 몰래 속삭이기도 했지만 둘 다 비싸기는 마찬가지였다. 미얀마에서는 퍼밋없이 외국인을 태울 수도 집에서 재울 수도 없다. 만약 발각되면 그대로 철창 행. 그래서 히치하이킹이 가능하지 않은 미얀마는 다른 나라보다 이동 시간에 대한 염두가 확실해야 한다.

냥쉐로 가는 길 입구에 픽업 트럭이 있었다. 1,000짯. 출발시간은 인원이 찰 때까지. 현지인은 500짯을 냈지만 이 정도는 이해하기로 했다. 이제 500짯에 과민하면 내가 더 피곤해졌다.

간만에 러펫예와 파리가 덕지덕지 붙어있던 코코넛 고로케로 요기를 하고 트럭을 탔다. 오히려 시간은 잘 맞았다.

아직까지는 나의 가장 예뻤던 여행지로 기억에 남는 인도중부의 도시 오르차로 들어갈 때와 너무나 흡사한 길이다. 잔시에 내려 오르차로 들어가는 길은 일직선으로 이루어졌었고 길가에는 가로수들이 약간은 힘없지만 그런대로 환영을 해 주고 있는 모습이었다. 넓은 평원에 듬성듬성 펼쳐진 유채꽃과 밀밭은 시각적으로 그리고 심지어 환각적으로도 아주 아름다웠다. 인레호수의 거점인 냥쉐로 들어가는 길 역시 유채꽃과 밀밭이 빠져있지만 호수에서 불어오는 바람이 그나마 있지도 않은 대기의 오염을 걷어 가는지 하늘은 그지없이 맑았다. 맑고 파란 하늘은 곧 마주하게 될 호수의 색깔을 미리 보여주는 것도 같았다.

냥쉐에도 지역 입장권이라는 것이 따로 있었다. 5불짜리 입장권은 그나마 일주일 동안만 통용된다고 한다. 지역 입장권이라는 것 자체가 생소하니 입장권을 받는 사람을 통틀어 무어라 하는지 모르겠다. 아무튼 사내가 외국인인 나를 위해 특별히 예약된 숙소까지 모시라며 픽업운전수보고 일러두는 통에 갑자기 택시 형식으로 바뀐 픽업을 타고 숙소에 들어왔다. 어지간하면 모두 좋은 이곳의 숙소평가에서도 줄곧 선두권을 유지하고 있던 Aquarius Inn. 껄로에서 예약할 때 6,000짯이라고 분명히 들었지만 막상 7,000짯이라고 한다. 게다가 내일 하루까지 이틀만 비어있고 그 다음부터는 계속 예약이 차있어 상황은 꽝. 숙소가 부족한 때라 묵기로 했다. 밝은 스텝들의 얼굴과 뉘앙스로 보아 가격은 내가 잘못 알아들은 것 같았다. 방은 나무로 마감된 방갈로 형태. 친환경적이라 높은 점수를 받아야함에도 불구하고 난 개인적으로 나무천장과 나무로 된 벽과 바닥을 좋아하지 않는다. 나무로 장식된 내부는 은근히 어둡고 그래서 구석에 방치되어 있는 먼지들에 둔감하기 마련이다. 결정적인 것은 바로 찍찍거리는 놈들의 침투. 물론 이제까지 실물을 보지는 못했지만 그 빛나는 영광은 나의 그 까다롭기 짝이 없는 결정의 대비 때문이라고 해야 한다.

직원들의 친절도는 이제껏 지내왔던 곳보다 상위 급. 특별히 서비스가하긴 게스트하우스에서 무슨 최상의 서비스를 기대하겠는가마는. 좋다기보다는 그저 조용조용하게 웃으면서 대하는 것이, 숙박업소의 최대덕목은 화려한 치장과 값비싼 장식품들이 아닌 마음에서부터의 배려라고 정확히 알고 있는 것 같았다.

만달레이에서 만났던 선생님들이 계실까하여 옆 숙소인 밍글라인으로 갔다. 그것과 관계없이 나는 새로운 도시에서 이곳저곳 숙소를 보러다는 것이 너무 재미있다. 인터넷에서의 화려했던 평가와는 달리 주인은 잔뜩 경직된 표정을 하고 내가 지금 묵고 있는 아쿠아의 가격이 얼마이며 서비스는 어떤지를 물어왔다. 이봐. 당신의 비즈니스 문제를 나를 통해 엿듣고 있는 거야? 궁금하면 직접 알아봐 이거 원. 분명히 몇 해가 지나면 저 사람은 어떤 식으로라도 변한 얼굴을 할 것이다. 그런 면에서 아쿠아 부부의 모습은 아마 계속해서 반대쪽에 있겠지.

실상 껄로에서도 그랬지만 이 냥쉐에서도 숙소를 걱정할 필요까지는 없어보였다. 생각보다 숙소들이 많았으며 가격에 대한 선택의 폭도 넓었다. 나누어준 지도만 보아도 얼핏 수십 개는 되어보였다.

내일 이후의 방을 예약하러 몇 군데를 더 돌았고 인레호수로 떠나는 배들이 즐비한 선착장 바로 앞에 있던 집시 인을 미리부터 예약했다. 가격에 비해 컨디션이 별로였는데 돌아서려하니 오히려 가격은 낮고 방은 괜찮은 곳으로 안내했다. 7,000짯. 미리 값을 치루고 영수증도 받았다. 이로써 냥쉐에서 3일은 안전하게 확보가 된 셈이다.

냥쉐에는 다른 어느 곳보다 개들이 많았다. 제대로 늘어진 개들의, 어디에서나 자유롭게 이루어지는 연애를 보며 개 히피들의 낙원은 진정 야스거스 팜이 아닌 인레였고 플라워 무브먼트는 이곳에서 비로소 완성된 것 같았다. 세 마리가 뒤엉켜 나누는 처음 보는 사랑의 동작은 심지어 나에게 어떤 화두와 영감마저 던져주었다. 개나 줘버려.

거리를 어슬렁거리다가 한 사내를 만났다.

이름 마운틴 쏘. 어쩌다가 그런 이름이 붙었는지는 자신도 모르겠다고 했지만 정식 이름이다. 한국의 경찰서 입구마다 붙어있는 강력 범죄자들의 얼굴을 그대로 재현한 얼굴을 지녔지만 슬며시 웃을 때의 그것은 또 완전히 달랐고 경계심이라고는 전혀 없는 눈은 정직함 그 자체였다. 나는 그래서 소의 눈을 바라보는 것이 너무 좋다.

당신들은 어째서 그렇게 웃는 모습이 훌륭한 거지?

사이카 운전수인 쏘와 동네를 한 바퀴 돌기로 했다. 1,500짯에 한 시간. 이보다 더 좋은 투어는 없었다. 아무 곳이나 일단 달려본다. 쏘는 자전거 페달을 밟으며 이곳이 사원이고 저곳은 시장이고 또 저기에 멀리보이는 곳은 무어라고 설명했지만 그런 설명은 의미가 없었다. 천천히 돌아가는 바퀴소리를 동반한 사이카는 설사 눈을 감고 있었다고 하더라도 마치 요람 안에 있는 것처럼 부드러웠다. 게다가 옆에는 착하고 성실하기까지 한 쏘가 있잖아.

커다랗게 한 바퀴를 돌아 서로 의도하지는 않았지만 정확하게 한 시간 만에 숙소 앞에 내렸다. 쏘는 끝까지 웃음을 잃지는 않았지만 어딘지 얼핏 그늘도 있었다. 결혼을 아직 하지 않은 이유가 혹시 못한 이유로 바뀔 수도 있겠다는 생각이 들었다. 노모가 몸이 불편하거나 동생이 집을 나가 아직 안 돌아왔다거나. 나중에 친구가 되면 우리 서로 마음을 내려놓으세. 나도 할 말이 많아.

냥쉐의 평화로움에 취해 계획에도 없던 사이카 투어를 했지만 사실 그보다 더 중요한 것은 바로 호수투어를 같이 할 사람을 찾는 것이었다. 바간에서처럼 투어금액을 몽땅 혼자서 내기에는 자금의 압박이 있었다. 난 어디까지나 럭셔리 여행자도 아니지만 배낭을 메는 순간부터 예산문제가 자연스럽게 따라 붙곤 한다.

어느 숙소에서는 오늘 아침 무려 11명의 한국인들이 체크아웃을 했단다. 거리에서 만나는 사람들마다 투어를 마치고 돌아오는 사람들뿐. 원래부터 외국인들과의 투어는 하지 않기로 했다. 예민하게 반응하는 것이라고 말하지는 말아 달라. 동양여성과 동양남성을 바라보는 그네들의 시선은 너무나 다르다. 여행지에서 그 싸늘한 Look down을 몇 번이나 느꼈다면 아마 나처럼 이상하게 변할 거야.

투어를 나눌 사람을 못 구해서 그랬는지 상당히 위축 되어버린 나는 위축된 기념으로 시장에서 몇 가지 반찬과 밥을 샀다. 미얀마인에게는 일상인 비닐봉지에 음식을 담아오는 일이 외국인인 나에게는 다소 생소해 보였는지 지나가는 사람모두가 재미있다며 웃고 지나간다. 난 내 바지지퍼를 한 번 더 확인하고는 숙소에서 저녁을 먹었다. 쭈그리고 앉아 밥을 먹는 내 모습이 여간해서 마음에 들지 않았는지 난 또다시 어젯밤 껠로에서 가라앉았었던 것과는 다른 가라앉음으로 이상한 밤을 보내야 했다.

아직 인레호수를 보지 않았기에 섣부른 보류가 있는 인레이다.

카슈미르 스리나가르의 달. 라다크 레의 판공초. 페루 뿌노의 티티카카. 스위스의 툰 그리고 우루무치의 천지까지.

인레는 어떨까?

어떻게 나에게 보여주고 난 그것을 어떻게 받아들일까.

부디 광활하고 멋지게 펼쳐져 있으시고 그리고 그 넓은 곳에 모든 햇빛을 쏟아주시기를.

그리고 가능하시다면 나에게 호수 끝에 앉을 말석이라도 주시기를.

*

아침식사를 하고 있는데 한국여행자들이 숙소마당의 의자에 앉아 있다.

강한 서부경남 억양은 실업시절부터 이어진 자이언츠의 30년 팬으로써 자연스럽게 그곳으로 이끌었다.

그리고 난 그 자리에서 곧 떠나는 인레호수 투어를 하려고 하는 여행자들과 만났다.

50대 부부와 초등학교 선생님인 처자등 세 명으로 이루어진 팀은 경비를 좀 더 나눌 수 있다는 장점으로 한 명이 더 들어간다고 더 나쁠 것이 없었다. 나의 최대한 자연스럽고 여유 있는 표정은 그들로부터 허락을 받아내 이 무언가 조화로운 팀을 새롭게 태어나게 해 주었다.

들뜬 마음으로 다른 인원보다 좀 더 일찍 선착장으로 나갔다. 어제부터 계속 투어를 하자던 '조수'라는 이름의 사내를 선착장 앞에서 다시 만났다. 다른 여행자들을 만났으니 어제 얘기한 것처럼 너의 투어를 할 수 없다는 나의 말을 말 그대로 쿨하게 받았다. 하지만 결국 조금 후 나와 만나게 될 나머지 여행자들의 투어를 조수가 한 셈. 어째서 나에게 배를 나눌 사람들을 찾았다는 말을 하지 않았을까?

여덟 시 반. 인레 호수로 출발. 해발 1,328m의 고원지대에 위치한 인레 호수는 양곤의 영화박물관, 버간의 파고다 유적군과 만달레이의 우베인 다리와 함께 나의 미얀마 4대 포인트였다.
호수처럼 잔잔하게 흥분된다.

수로를 따라 점점 폭이 넓어지는 이른바 호수입구에 다다랐다. 모터 소리가 유일하게 호수를 깨우는 세간의 소리였지만 배 옆을 튀기는 물살과 호수에 떨어지고 다시 내 얼굴을 간지럽게 하는 햇살의 장난스러운 키스는 순식간에 무지개를 만들어 보여주며 인레로의 초대를 정식으로 환영했다. 멀리서 아침부터 고기 잡는 배들이 분주하게 그러나 한편 고결해 보이기도 하게 낚시 그물을 들어 올리고 우리는 그저 넋이 나간채로 호수에 빠져들었다. 인레의 명물이 된 어부들의 외발로 젓는 노질은 아주 조용한 호수에서 가장 알맞은 몸짓인 것 같았다. 이곳에서 만일 어부들이 집단으로 노동요를 부르며 작살을 쏘고 그물을 거칠게

269
인레

당기는 모습은 한국의 계곡에서 집단으로 삼겹살을 구워대는 것과 마찬가지였을 것이다. 평균수심이 2m에 불과하다는 호수는 중심지역에서는 밑바닥에 어른거리는 수초의 뿌리까지 보일 정도로 맑았다.

호수를 바라보는 것만으로 이 투어가 모두 이루어진다고 해도 불만이 없는 일정이었겠지만 우선 남판Nampan 수상시장으로 첫 일정을 소화했다. 호수의 입구에서 시장까지 달린 시간은 거의 한 시간이나 됐지만 호수 전체를 종단하는 거리는 아니었다. 그만큼 인레 호수는 생각보다 넓었다. 냥쉐거리에 있는 사람들의 수를 합친 것보다 많은 수의 사람들이 시장을 꽉 채웠다. 냥쉐와 인레호수 주변은 이 지역의 대세인 샨족말고도 인타, 파오, 카렌족들이 있어 호수 전체를 아우르는 주민의 전체적인 수는 무척 많다고 한다.

이 시장에 오면 샨족의 전통주를 마실 수 있다는 소리를 들었다. 술 자체보다도 전통이 합쳐진 것에 좀 더 마음이 끌렸다. 나는 그것을 찾으러 나섰고 곧 남자들이 득실거리는 식당 앞에서 그 술을 찾았다. 플라스틱 생수병에 담겨진 하얀 색의 산예라는 술.

바로 옆의 식당에는 일찌감치 물건을 판 사내들이 모여 술을 한 잔 하고 있었다. 물건을 다 정리하고 두둑한 주머니와 호수를 앞에 두고 마시는 술. 인생을 알고 있는 사람들이거나 아직도 모르고 있는 사람들이었다.

시음을 위해 한 잔을 마셔보았다. 막걸리보다 묽은 색의 술은 그러

나 한국의 안동소주, 페루의 삐스꼬 그리고 라오스의 라오라오나 러시
아의 보드카같은 절대적인 무색의 중량감 없이 그저 무척 심심한 느낌
으로 받아들여졌다. 아마 그런 타이틀은 없겠지만 세계에서 가장 흐리
한 술이라고 하면 거의 상위권에 들 그 무색무취하고 무미건조하며 시
시하기까지 한 술. 누군가는 인레 호수를 가면 식도를 태울 만큼의 샨
족 술을 맛 볼 수 있다고 했는데 식도는커녕 혀끝도 자극하지 못했다.

조선시대 때부터 '혼돈주'라는 것이 유행할 정도로 술을 섞는 것을 좋아하는 한국인의 후예답게 개인적으로 식도를 태우는 술은 꼬냑과 막걸리를 섞은 '꼬막'이 최고인 것으로 알고 있다. 우선은 한 병을 샀다. 아무래도 최소한 취하게는 해 주겠지.

엄청나게 지저분한 화장실을 뒤로하고 다음 차례인 연꽃으로 실을 뽑아내 직물을 만드는 공장엘 들렀다. 신기하게 연꽃의 줄기에서 가느다란 거미줄 같은 실이 뽑힌다. 세계적으로 비싼 가격의 옷으로도 만들어져 마니아층마저 있다고 한다. 하지만 거기까지. 대단한 볼거리가 있는 곳은 아니다. 나는 다른 인원이 공장을 그래봐야 물 위에 떠있는 작은 가게이긴 하지만 둘러보고 있는 사이 나무로 만들어진 데크로 나와 단순하게 호수를 즐겼다.

난 원래 말을 잘 안 듣는다.

간간이 지나가는 배들에서는 내가 손을 흔들고 인사를 할 때마다 같이 손을 흔들며 웃어주었다. 미얀마인들은 어지간하면 그냥 웃어준다. 다른 방문코스는 담배공장. 소녀들이 둘러앉아 담배들을 자르고 다듬고 있다. 공장에서 일하는 한 남직원은 엄청나게 한국어 공부를 한 자신의 노트를 보여주며 한국으로 꼭 가고 싶다고 했다. 통역을 하던 직원은 독지가를 만나길 고대하고 있다는데 그런 열정이라면 한국이던 어디서건 분명히 성공할 것이다.

공장의 반대쪽 수상가옥에서는 난데없이 돼지의 괴성이 들렸다.

이 잔잔한 호수에서 정말 너무나 안 어울리는 괴팍한 소리였다. 아무래도 돼지를 사육하는 집에서 녀석을 밖으로 내오는 날이었는지 몸집이 상당히 컸다. 너 댓 명의 청년들이 돼지를 붙들고 어쩔 줄 몰라 하고 있다.

오늘까지만 허락된 생으로 이해하고 오늘 그냥 가 줘. 많이 미안해. 너의 업보는 네가 희생함으로써만이 씻을 수 있다고 하더구나.

점심으로 만만한 터민쪼를 먹고 맥주와 산예를 섞어 마셨다.

여행 선배님들과의 대화는 항상 즐겁다.

굉장히 기대를 했던 인떼인Inthein 유적지는 안 가는 것으로 결정되었다. 우선 먼 곳에 있었고 기름 값이 더 들기에 투어비용인 14,000짯 이외의 돈을 더 내야 한다는 것이었다. 선배님들과 처자는 껄로에서 2박 3일짜리 별 감흥이 없는 트레킹을 하며 인레로 넘어오면서 인떼인을 보았기 때문에 당연히 다시 가고 싶어 하지 않았다. 난 원래 투어에 인떼인이 포함되어 있는 줄 알았지만 그렇지는 않았나보다.

식당 앞에 있는 사원을 들리고 이제 인레의 또 다른 명물이라는 점핑 캣이라는 사원이 오늘 방문하는 마지막 코스였다.

원래 이름은 응아 뻬 꺄웅Nga Phe Kyaung.

고양이가 굴렁쇠 묘기를 한 다음부터 점핑 캣으로 불려 졌지만 이 지역의 대표인 샨과 과거의 바간 그리고 잉와의 스타일과 뜻밖에 멀리 태국과 티베트의 스타일까지 표현된 많은 독특한 양식의 여러 탑들이 집대성 되어있는, 미얀마 전체사원 탐방에서도 절대 빼놓지 말아야

할 사원이라고 한다.

고양이들은 이제 그들의 뛰고자 하는 열정을 태우지 않았기에 스스로 자멸했다. 녀석들은 전혀 뛰지 않고 자신이 왜 인간들 앞에서 뛰어야 하는지조차도 잊은 것 같았다. 아니, 어쩌면 우리들을 교묘하게 역이용하고 있다고도 생각되었다. 그간 혹독한 훈련을 견뎠을 고양이가 불쌍한 것이 아니라 녀석들에게 고작 뛰라며 수 없이 말하는 아낙이 더 안쓰러웠다. 어쩌다 신세와 처지가 역전되었을까.

정말 마지막에 한 녀석이 한 번 뛰어올랐다. 아니 뛰어 올라주었다. 사람이 몇 명 있지도 않은 홀에서 우레와 같은 박수가 터졌다.

이제는 선배님이 그토록 염원하던 낚시체험 시간이다. 한참을 달려 조용히 그물을 길고 있던 사내에게 접근, 그에게서 허락을 받아냈다. 양쪽 모두 방심하고 있는 상태에서의 웃음을 가지고 있었기에 협상은 쉬웠다.

선배님은 사내의 배로 넘어가 고기를 잡는 모습을 친히 보여주시며 미얀마로 오기 전부터 반드시 하고 말리라는 다짐을 진지하게 증명하셨다.

물론 고기가 잡히지는 않았지만 나름 만족한 프로그램이라고 생각하는 것도 같았다.

선배님에게 1,000짯으로 승선을 허락한 사공은 계속되는 발군의 연기력으로 오랫동안 사진모델을 자처해 짧은 시간을 풍성하게 이끌어 주었다. 그간 갈고닦은 개인기를 정녕 폭발시켰다. 외국인들 앞에서 포즈를 취하고 있는 아버지의 그런 모습을 약간은 안쓰럽고 존경심 가득한 모습으로 바라보던 꼬마아이. 내 일찍이 네 또래의 남자 녀석들을 예뻐한 적이 없는데 넌 어찌 그리 착한 아들 녀석이란 것이냐. 내 조카 녀석 하지 않으련.

그리고 또다시, 때가 되었다.

호수의 일몰.

배위의 다섯 명은 입을 닫았다.

모터까지 꺼 놓아 잡다한 상념과 불필요한 소음들은 모두 호수 바닥에 잠겼다. 호수는 원래 물 흐르는 소리가 나지 않으며 그래서 무릇,

머물지 않는 강과 바다와 태생적으로 다르다.

떠나지 못하고 머물러 있는 호수. 이 여행이라는 거대한 떠남과의 정면충돌.

산예를 꺼냈다. 가방에는 배를 타기 전 사 둔 해바라기 씨가 있었다.

사공인 쑤와와 함께 한 모금 그리고 또 한 모금.

해가 넘어가기까지 술을 마시면서 기다리는 것이 어째서 이렇게 멋진 일인지 몰랐더냐.

우리는 둘이서 산예 한 통을 거의 다 비웠다.

나는 노을에 그리고 호수에 더 그리고 인레에 잠겼다.

그리고는 끝났다.

저녁은 시장 앞에서 띠보의 전골국수와 비슷한 국수를 먹었지만 띠보를 따라갈 수는 없었다. 엄청난 갈증. 조미료로 맛을 내다니.

돌아오는 밤거리 가로등 아래에서 이런저런 얘기들을 나누었다.

선배님들은 남미로 나는 아마 다시 인도로 그리고 처자는 아직 정하지 못했다고 했다.

정하지 못하면 어떠리. 누가 떠미는 것도 아닌데.

나는 노을에
그리고 호수에
더 그리고
인레에 잠겼다.

숙소로 돌아와 오늘 아침 바꾼 방으로 들어갔다.

이번 여행 최고의 방. 아쿠아리우스 인의 다락방 8번.

아내 쪽에서 불평이 없다면 신혼여행으로 와도 손색이 없을 정도로 훌륭하다.

이 방에서 내일 한 발자국도 나가지 말까하는 생각으로 불을 껐지만 아쉽지만 오늘이 마지막 밤이다. 창문 밖으로 아주 조금 별들이 보였다. 아마 그들 중 몇몇은 밤 수영을 즐기기 위해 호수로 낙하했겠지.

*

아무래도
안 되지 싶었다.

어제 선배님으로부터 빌려온 책에는 인떼인 유적에 대해 무시할 수 없는 평가를 했다.

방을 빼주어야 했기에 우선 짐을 챙겨 집시 인으로 향했고 다시 바로 앞의 선착장으로 나왔다.

아침 9시 이후로는 거의 모든 투어가 배를 타고 떠난다는 가정 하에 그 이후로 한 시간 이후면 그나마 투어인원을 찾지 못한 배들이 분명히 있을 것이었다. 나는 나에게 앞 다투어 달려오는, 오늘 하루 손님을 태우지 못한 그들로부터 폭발적인 환호와 구애를 동시에 받을 것 같았다. 나는 이상한 승리감에 빠져있었다. 나의 행선지는 오직 한 곳. 인떼인 유적지.

　하지만 파격적인 금액을 내세워 나를 영입할 것이라는 나의 장대한 계획은 모두가 일괄적으로 제시한 17,000짯에서 완벽하게 무너졌다. 왕복시간과 유적지 방문까지 합쳐 네 시간. 어제 열 시간에 육박했던 투어가 14,000짯이었던 것을 감안하면 도저히 납득이 가지 않는 금액이었다. 거라는 비슷한 수준. 좀 더 기다려보았지만 어느 미안마인은 18,000짯을 부르며 선심을 썼다.

　결국 13,000짯에 아들과 함께 배를 타는 얼굴에 착한 주름이 가득한 사내와 협상을 마쳤다. 작지 않은 배를 혼자서 타고 가는 맛은 약간 왕자님이 된 것도 같았다.

　다시 어제처럼 호수 입구에 섰다.

　호수는 너그럽다. 바다와 같이 가끔 잔인하게 모든 것을 거두어가지 않으며 강처럼 유유하되 작은 강들이 가끔씩 그 속에서 스스로 패퇴하는 것처럼 유약하지도 않다. 아이러니하지만 머물러 있기에 가능한 한 모든 산과 구름모두, 그곳에 내려앉는 갖가지 바람과 햇살 그리고 그 안의 무수한 생명체들 이 모든 것을 실체와 조금도 다르지 않게 거의 완벽함으로 받아내며 다시 투영 해낸다. 호수위에서 보이는 물체는 실상 실상이지만 호수에 직접 보이는 것은 허상이다. 하지만 이 둘을 호수는 바다나 강에서의 흔들림 없이 그대로 엄격하게 양분하면서도 안는다. 그 거대한 물의 무게를 이고도 모든 것을 받아내는 호수.

　그래서 호수는 한정 없이 너그럽다.

　배는 적당한 지점에서 우측으로 꺾은 후 수초들을 헤치고 인떼인으로 가는 지류로 선수를 틀었다. 거슬러 올라가야했기에 배는 좀 더 동력에 가중을 해야 했고 이 부분이 기름 값이 많이 소비되는 인떼인을 저어했던 사공들의 이유였다.

　작은 지류를 타고 거슬러가는 수로를 지나 부두를 떠난 지 한 시간 만에 인떼인 유적입구에 도착했다. 오는 동안 인가를 많이 보지 못했지만 이곳에도 여전히 소수부족들은 삶을 살고 있었다.

　인떼인 유적. 선착장에서 멀지 않은 곳에 어젯밤 온통 나를 설레게 했던 그곳이 있다.

11세기에 집중적으로 조성된 파고다는 500여개.

긴 회랑을 따라 올라가면 끝에서 인떼인을 만날 수 있다. 하지만.

이 산예와 같이 흐릿하고 무료하며 지난한 유적군이 제발 인떼인이 아니라고 해다오.

유네스코에 문화유산으로 등재되었다고 하기에는 너무 과대평가 된 느낌이다.

폐허에는 폐허 나름대로 폐허미가 있기 마련이고 그보다 아랫단계
로 많이 양보해도 황량한 멋이라도 있어야 했으나 다 쓰러지고 또 그
것을 새롭게 급조한 탑들은 쫓기는 들개들처럼 아무렇게나 그곳에 몰
려 있었다. 탑들에 새겨진 몇 개의 아름답고 특이한 모습의 부조물들
을 제외하고는 눈길조차 가지 않던 인떼인에 난 심지어 당황했다. 이
것은 아름답게 무너지고 있다기보다는 그냥 억지로 쑈에 나가는, 연극
에 대한 최소한의 사명감도 없는 배우 같았다. 그는 이상하게 생기고
싸구려 재질로 만든 탑 모양의 고깔과 싸구려 황금빛의 가면을 쓰고

있었다. 외국인들에게 시주를 받아 세웠는지 경내의 몇몇 탑들에서는 어색한 웨스턴들의 이름이 쓰여 있다. 억지가 의지를 제대로 만난 모양. 인떼인을 보고 허물어지는 마음은 이래저래 당연한 결과였다.

내가 이미 허물어졌는데 상대가 나를 보고 아름답다고 할 수 있을까?

끝. 차갑게 돌아섰다.

난 눈과 마음을 모두 빨리 닫았다.

　돌아오는 길에 호수에서 재 반사되는 햇빛을 모두 받아버리게 되었다. 덕분에 아무런 준비를 해 오지 않은 나의 얼굴은 점점 검은색이라고 해도 좋을 만큼 타 버렸다.

　허전한 마음으로 귀가.
　자전거를 빌려 냥쉐를 한 바퀴 돌기로 했다. 이 휑한 마음을 어떻게든 달래야 했다.
　길게 이어진 도로를 달려 끝까지 가보았다.
　길 끝. 언젠가는 당도하고야말 길이지만 그 길은 내 인생의 마지막

메타포로써 언젠가는 적당한 곳에 자리하고 있을 것이다. 빨리 보던 늦게 가던 결국 난 나만의 길 끝에 서 있겠지.

　모퉁이 식당에서 러펫예를 한 잔 했다. 돈을 받아드는 인도계 여자는 앞을 볼 수 없었다.

　마운틴 쏘가 지나간다. 그의 자전거 옆자리에는 채소와 계란이 한가득 들어있다. 배달을 하러 간다는 마운틴 쏘. 나의 티타임 초대를 정중하게 마다했지만 그 일이 당연히 중요했을 거야. 부디 너의 가족을 위해 열심히 더 달려줘.

　다시 자전거를 타고 작은 불교관련 미술관엘 들렀다. 입장료와 더불어 2불의 카메라 사용료.

　난 외국인 입장료에 대한 거부감은 없는데 카메라 사용료에 대한 입장은 너무 강경하다. 카메라 사용료에 그만 토라져버린 셈이다. 길에서 선배님을 다시 만났다. 인떼인 유적에 대해 무척 좋은 평가를 해 주셨지만 그 마음을 또 따라가지 못한 것도 약간 송구했다. 선배님은 내일 인레의 또 다른 유명 유적지인 까꾸Kakku 유적지를 간다고 했지만 인떼인에서 다 부서진 마음으로 또다시 다가서기가 쉽지 않다.

　시장에서 말라빠진 생선튀김과 밥을 먹고 근처의 사원에 들르러 가다가 길에서 만달레이에서 만났던 한국인 여행자들을 만났다. 밤늦게 각각 만달레이에 도착해 숙소를 잡지 못해 애를 먹었다고 했던 그들은 어느새 팔짱을 끼고 돌아다니고 있다. 그때 여자의 눈이 불안한 눈빛이었기 때문에 난 그녀의 눈빛을 정확히 기억하고 있다. 여자는 나보다 어렸지만 남자 쪽은 분명히 싱글이 아니었던 것으로 기억하는데, 어쨌든.

조금 간섭을 하자면, 알아서들 정리해주길.

마을 주민들이 오순도순모여 불상 앞에서 담배를 피워대며 담소를 나누고 있다. 담배연기는 부처님의 얼굴로 올라가는데도 흐뭇하게 저들을 바라보셨다. 경내에는 중저음의 독경방송이 나오고 있다. 관리인이 열쇠까지 열어주며 작은방으로 안내했는데 그 불상이 어떤 역사적인 가치와 의미가 있는지 알아듣지 못했다. 다만 그 방을 나오며 경내를 돌았는데 구석에서 한 사내가 조금 전 내가 방송이라고 느꼈던 그 독경을 읊고 있었다. 그 사내의 옆에는 가지런하게 목발이 놓여있었고 다리가 한 쪽 없었다.

돌아오는 냥쉐의 밤거리에는 정전이 내렸다.
냥쉐로 들어오는 모든 불빛은 차단되었고 냥쉐는 완전한 암흑 속에 그리고 나는 그 속의 또 다른 어둠속에 고립되었다. 하늘에 갑자기 터질 것 같던 별들은 오늘 자리를 거두었는지 나타나지 않았고 달마저 온통 구름 속에 숨어 불 꺼진 냥쉐는 내일부터는 다시 세상에 새롭게 태어나고 말 것이라고 말하는 것 같았다.

암흑속의 재탄생.

냥쉐의 밤은 깊고 견고했다.

숙소로 돌아와 어렵게 방을 찾아 일찍 잠자리에 들었고 잠들기 전
오늘 달려갔던 그 길 끝이 떠올랐다.

길 그리고 끝.

사실은 서로 만나서는 안 될 그 쓸쓸한 두 친구.

쉔양으로 다시 나와 러펫예를 한 잔 하며 따지Thazi행 버스를 기다렸지만 픽업트럭이 먼저 도착했다. 30명이 넘는 사람들이 이 트럭에 앉고 올랐고 그리고 매달려있다.

사람이 너무 많이 타서 그런지 가는 동안 내내 힘들었다. 가장 바깥쪽에 앉은 나는 주위를 벽처럼 막아 선 남자들에 둘러싸여야 했고 자세가 안 나오던 한 사내는 자신의 두 다리를 나의 오른쪽 허벅지에 끼웠다. 무언가 제압당한 것 같은 느낌이 났지만 다리는커녕 고개마저 조금도 돌릴 수 없을 만큼 공간은 터질 것 같이 조여져 있었다.

두 시간 후 껄로.

원래는 모두가 말렸던 따지로 내려갈 생각이었으나 그만 지쳐버렸다. 이 트럭을 타고 회전력이 심한 비포장 고갯길을 다시 내려갈 자신이 없었다. 많은 사람들이 따지는 볼 것도, 할 것도 없는 작은 동네라며 말렸지만 그런 곳을 한 곳 정도는 섞어줄 필요가 있다고 생각했다. 라오스의 싼야부리나 인도의 알치처럼. 하지만 도저히 그리고 결정적으로 껠로에 들어오고 나니 이 껠로를 지나칠 수가 없었다. 이곳의 공기는 그렇다. 정확히 말하면 몸보다 마음, 마음보다 심장이 더 끌렸던 것 같다.

하차.

다시
껄로

불안, 초조, 겁먹음 혹은 나아가 이상한 공포.

부인할 수 없는 여행에서

빼놓을 수 없는 또 다른 한 축.

가게에서는 애절하고 많이 슬프면서도

세련된 중국가요가 흐르고 있었고

저마다 그들에게 주어진

하루의 삶을 살아가고 있었다.

그때였다.

내 앞에서 갑자기 무엇인가 떠올랐다.

갑자기 눈이 부실정도의 빛이

내 앞에서 강력하게 터져버렸다.

좋았다는 평가가 있던
골든 릴리 게스트로 향했다.

　냥쉐의 다락방만큼은 안 되지만 역시 훌륭하기 그지없는 2층의 방을 6불에 택했다. 인도계인 이 숙소의 패밀리는 모두가 한결같이 표정이 밝지 못했다. 도대체 내가 왜 이곳에서 이런 일을 해야 하는 것인지 불만이 가득해 보였다. 트레킹이 이 숙소의 대표 프로그램이자 주력 상품이었지만 그것을 하겠냐는 그들의 주문에 띠보에서 하고 왔다는 나의 착한 거짓말에 대단히 실망한 것 같았다. 난 한숨소리가 그렇게 크게 들릴 것이라고는 생각지 못했다. 게다가 난 하나의 실수도 했다. 그들은 인도3대 종교의 하나인 시크교도. 이제까지 거쳐 간 수많은 여행자들로부터 들었을 암리차르_{인도의 시크교도 최고의 성지}에 관한 숱한 이야기를 또 한 것이다. 그들은 나를 보며 '너도 역시 그 얘기를 시작한 거냐? 이달에만 벌써 백 번 째 라구.' 라고 얘기한 것처럼 독특한 표정을 지어보였다. 단체로 복화술을 한 것 같아 연극적인 요소는 순간 좋았다.

우선 샤워를 하고 쉬었지만 솔솔 불어오는 바람은 나를 다시 충전시켰다.

피곤한 기색은 껄로에서 10분이면 회복되었다. 껄로에서는 바람이 좋은 것이 아니라 그냥 떠다니는 것이 산소인 것 같았다.

다시 따지행을 알아보기 위해 기차역으로 향했다. 어째서 그렇게까지 따지를 가고 싶어 했는지는 잘 모르겠다.

기차역으로 걸어가는 길은 그곳이 도시가 아닌 경우에는 언제나 최소한의 낭만은 있었다.

매표 사무실로 들어가자마자 쥐가 한 마리 지나갔다. 그들이 앉아있는 책상 밑으로 지나갔기에 그들은 그것을 보지 못했다. 당연히 밖에 서서 들어오지 못하고 주저하며 쥐 흉내를 내는 나를 보고 이상하다고 생각할 수밖에. 낯선 이가 갑자기 사무실로 들어와 아무 말도 하지 않고 대뜸 쥐 흉내부터 내고 있다면 무얼 어떻게 받아드려야 할까. 게다가 난 그들을 똑바로 보지 못하고 쥐가 시야의 사정거리 밖으로 나가도록 거의 천장을 보고 있었다. 스스로 생각해도 이상한 장면이었다. 난 나의 액션과 처세가 맘에 들지 않아 혐오감 가득한 마음을 안고 바로 옆의 역장실로 들어갔다. 하지만 좀 전의 그 쥐는 이번에는 역장실로 들어와 역시 책상 밑을 돌아다니고 있다. 정말이지 다시 똑같은 쥐 흉내를 낼 수는 없었다. 다른 동작과 표현을 생각해 보았지만 순간적으로 나의 마임은 떠오르지 않았다. 요 몇 년 간 가져보았던 최대의 인내심과 좌절감을 흠뻑 담아 따지행 표를 물어보았다. 하지만 나의 그 떨리는 얼굴을 본 역장은 무슨 일이냐며 감사하게도 문까지 나와 주었다. 아무래도 나에게 중대한 일이 벌어진 것을 눈치챘나보다. 조금은 진정한 나는 따지행 기차시간을 물어보았고 어떤 마을인가를 물어보았다. 그는 그저 정선뿐인 따지를 다른 미얀마인들과 똑같이 추천하지 않았다. 인레에 가본 적이 있냐고 물었고 난 지금 그곳에서 오는 길이라고 했다. 쉔양정선에서 하루를 지낸다고 생각하면 된다고 했다.

아..... 그런 곳이구나.

역장은 메익띨라Meiktila라는 곳을 반드시 가보라고까지는 아닐 정도로 추천해 주었는데 그곳에서 양곤이나 버고Bago를 가는 차편에 대한 정보가 전무한 상태에서 무작정 전진하기가 쉽지 않았다. 우선 껄로의 하루에 좀 더 집중하기 위해 한 발 뒤로 물러서는 보수적인 선택이 필요한 것 같았다.

저번에 들르지 못했던 사원을 방문해 보기로 했다. 껄로의 뒤편으로 향했다.

한가롭게 펼쳐진 골프장을 지났으며 사원으로 빠지는 길 끝에는 외국인 제한지역도 있었다. 사진을 찍는 나를 한 사내가 매섭게 쳐다보았다. 골프를 치고 있는 남성들 옆으로 타나카를 바른 허술한 차림의 캐디들이 힘없이 걷고 있다. 골프가방은 너무 무거워보였고 그녀들의 몸은 한쪽으로 상당히 기울었다.

사원으로 들어가는 가는 길 끝의 미장원에서는 한국가요가 흘러나왔다.

이름 쉐우민Shwe Oo Min Pagoda..

Shwe Oo Min
Pagoda

약 1,300년 전에 만들어졌다는 동굴사원.

원래는 10여 미터만 자연 동굴이었고 그 후 부터는 인위적으로 파 들어간 것이라고 한다.

텁텁한 공기가 동굴 속을 지배하는 가운데 수백 개의 불상들이 모셔 져 있지만 어쩐지 창고에 보관하고 있는 것처럼 성의와 불심이 느껴지 지 않았다. 치장과 장식들이 그 역사적인 것들의 무게감을 더 해주는 것은 당연히 아니지만 이 동굴은 이도저도 아닌 그저 시시한 방문지인 것 같다.

조그마한 개가 사납게 짖어대는 바로 앞의 수도원에 들어섰다. 마당 을 쓸던 아낙은 낯선 사람이 들어오자 승려를 향해 뛰어가며 소리를 질렀다. 단언컨대, 손님이 오셨다는 얘기를 하러 간 것 같았다. 바닥에 쌓여있던 낙엽들은 아낙이 뛰어가자 다시 제자리를 찾으러 가는 듯 잠시 흩어졌다.

갑자기 몇 명의 승려들이 나에게 모여들더니 나를 에워쌌다. 그것도 아주 우정 어린 미소와 친근한 말투와 함께. 나는 곧바로 그들로부터 정중하게 초대되었다. 수도원의 본당으로 안내되어 육중한 자물쇠를 열고 유리문 안쪽에 모셔진 불상들을 소개받았으며 땅콩과 대추 그리고 차로 구성된 다과시간을 갖기도 했다. 미얀마 축구를 시청하던 노승까지 나와 나를 환영했다. 양곤으로 돌아가면 아웅산 스타디움에서 미얀마 축구를 한 번 보는 것을 원하나 토요일에 하는 축구를 보기에는 시간이 맞지를 않는다. 나중에 미얀마를 다시 오게 된다면 꼭 미얀마 축구를 볼 것이다.

우께드라, '용감한 사자' 라는 뜻의 승.

엄하지만 언제나 좋은 충고를 아끼지 않는 나이 많은 큰형 같다.

담배를 한 대 주며 피울 것을 권했지만 한국에서는 부처 앞에서 어느 누구도 담배를 피우지 않는다는 말을 듣고 약간 감격해 하는 것도 같았다. 스님들은 내가 대추를 드리자 정오 열두시부터 저녁 여섯 시까지는 차와 물을 제외한 아무것도 먹

고 마시지 않는다며 물렀다.

미얀마를 여행하다보면 수없이 듣게 되는 한국드라마 예찬이 이어지고 미얀마와 티베트 그리고 한국의 불교까지 아우르는 불교특강을 들었다. 물론 그들의 친절하고 절제된 대접과 미소는 계속 이어졌다. 미얀마의 경우 다른 동남아 국가들과 한류에 대한 사랑이 다를 수밖에 없는 것이 군부에서 통제하는 모든 티브이 채널에서 하루 종일 군부관련 기사만 나오며 단 한 시간 예외를 둔 저녁시간에 바로 한국 드라마가 나온다. 그러니 미얀마 국민들은 똑같은 프로그램을 매일 보다가 마치 가뭄의 단비그들의 표현에 의하면 같은 한국드라마에 올인 할 수 밖에 없는 사정이다.

글쎄 기약 없는 혹은 불가에서 말하는 겁의 세월 안에 그들을 언제 어디선가 다른 형태의 대상으로 만나게 될 런지도 모르겠지만 나로서는 그저 다시 뵙겠습니다는 말만하고 돌아설 수밖에 없었다. 시주에 대한 갈등이 없었던 것은 아니었지만 호의를 재물로 화답하는 것도 앞선다는 생각이 있어 그러지는 않았다.이 점 아직까지 가장 후회되는 일이다. 혹시 이 글을 읽고 껄로에 그 수도원을 방문하는 사람이 있으시다면 개인적으로 꼭 연락을 주셨으면 한다.

수도원을 나와 반대쪽 길로 걸어 내려왔다. 아무도 없던 껄로의 뒷길에는 대나무 숲 사이로 지나가는 바람이 불었다. 의식하지 못하고 한참을 걸어왔지만 이미 어디서부턴가 조용하고 고요한 정적이 스며들고 있었다.

아무런 소리가 없는 상태에서 바람의 소리만을 들은 적이 있으시던가?

아무런 장면이 없는 그림에서 바람만을 잡아 본 적이 있으시던가?

아직 여행이 다 끝난 시점이 아니었지만 아마 난 이 껄로를 가장 사랑했던 곳으로 기억하게 될 것 같다.

띠보 전체와도 바꾸지 않을 껄로의 뒷길.

여유, 한가함 그리고 느리게, 천천히

안단테와 라르고.

시내로 들어오는 길엔 청년들이 공차기를 하고 있었고 내 쪽으로 굴러오는 공을 잡자마자 자연스럽게 합세했다.

대나무 공을 찰 때의 그 신선하고 맑은 소리는 아마 세팍타크로가 가지고 있는 훌륭한 장점중의 하나일 것이다. 어른들이 아니라서 청년들은 많은 기교를 부리지 않고 그저 공을 서로에게 넘겨주는 놀이를 했다. 나는 몇 번 우스꽝스러운 자세를 보이며 일부러 웃음을 유발했고 청년들은 또 너무 과하지 않은 가운데 같이 웃어주었다. 나에게 술을 한 잔 하러가자고 했으면 내가 아마 모두를 몰고 갔을 텐데......

숙소로 돌아오는 길에는 한 사내를 만났다.

며칠 전 묵었던 이스턴 파라다이스 옆 인쇄소 사장이다. 어딜 가나 분실에 대한 대비를 하는 탓에 그동안 기록했던 글들을 복사하러 들렀었고 그 때 안면을 익혀 두었었다. 이름을 몇 번 말해주었지만 기억하기 쉽지 않은 이름이라 제대로 받아 적지 못했었다. 단구의, 그러나 눈빛에 따뜻한 주관이 넘치던 사내는 길모퉁이의 돌 턱에 앉아 무슨 생각에 잠긴 것 같았다. 그냥 앉아서 쉬고 있다고 했지만 그 표정은 쉬고 있는 표정과는 조금 달랐고 난 그때 그 표정이 어떤 것이었는지 바로 알 수 있었다.

언덕으로 올라가는 길 옆 모힝가 가게.

저녁을 먹으러 들렀다는 그 가게에는 이제까지 보았던 미얀마 여인 중 단연코!! 라고 해도 좋을 정도의 말 그대로 미인이 있었다. 그 미인 은 어린 딸아이에게 밥을 먹이다가 말고 약간 얼굴이 상기된 채도 나 왔고확실히 그때 그 미인의 걸음 속도는 빨랐다. 조금 후 임시로 쳐진 커튼 뒤로 하 품을 하며 기지개를 켜던 그녀의 남편도 나왔다.

이보게 친구. 이것이었군. 그럴 만 해.

저번에 인쇄소에서 한 여인이 별다른 말도 없이 주방 쪽으로 들어갔 던 것을 감안한다면 하루에 한 번은 꼭 이 모힝가를 먹어줘야 한다는 사내의 부연은 꼭 필요하지 않았다.

모힝가를 받아들고 잔돈을 지불하는 양쪽의 손이 모두 미려하게 떨 렸고 미세하게 스쳤다.

어째서. 어째서 사랑하게 된 것이냐고 물을 수는 없었다. 그런 질문 은 원래 세상에 없다.

친구. 부디 이쯤에서 접어주게나.

친구가 마음을 닫으면 그녀도 마음을 거둘 것이라네.

그때 딸아이가 있다고 했지 않나.

더 가고 싶다면 아니, 그저 얼굴만 보고 싶은 것뿐이라면 언제든지
마음은 태워도 되네.

평생 모힝가는 먹어야 할 거야.

하지만 둘만을 위해서 마음을 쓰게 되는 사람이 너무 많아.

자넨 그런 사람이 아니지 않나.

그러니 자네만 다치게나.

그것이 사랑의 완성이라네.

껠로의 모힝가 블루스.

어째서인지 모르겠지만 갑자기 지금 여행을 마치고 싶다는 생각이
든다.

*

짐은 샘스 여행사에
맡겨두었다.

넉넉하고 매사에 중심을 잃지 않을 얼굴의 사장은 그때 시장에서 만
나 브루스 보겔에게 생강차를 추천해 주었던 아낙이다. 양곤으로 가는
표를 어제 미리 사 두었기에 가방은 이곳에 맡겨도 된다는 허락은 미
리 받았다. 설사 표를 안 샀다고 하더라도 가방 한 두 개 정도는 언제
든지 맡아 줄 그녀는 이 여행사를 책임지며 시부모까지 모시고 사는

껄로에서는 유명한 여성이다.

위너호텔 앞 버스 정류장에는 며칠 전 보았던 모토 기사들이 나와 손님들을 기다리고 있다. 얼굴이 익은 몇몇과 담배를 나누어 피웠고 길거리를 돌아다니는 새끼 강아지들과는 돼지 껍데기 과자를 나누어 먹었다. 녀석들은 그때도 그러더니 오늘도 역시 마음껏 싸우고 있다.

나는 오늘 아침 삔따야Pindaya로 가려고 한다.

따지와 메익딸라가 사라져버린 이후 난 숙소에서 다음 행선지들을 연구했고 삔따야가 가장 훌륭한 선택지라는 확신을 얻었다.

삔따야로 들어가기 위해서는 아웅반이라는 곳에 내려 다시 그 쪽으로 들어가는 교통편으로 갈아타야 한다.

기다리던 픽업은 오지 않고 과도한 값도 아니라는 생각에 2,000짯을 주고 아웅반까지 모토택시로 달렸다. 껄로에서 아웅반까지 달리는 길이 아름답다는 얘기는 더 해서 무엇 할까. 그리고 그 길은 앞으로 펼쳐질 그리고 나에게 주어질 미얀마에서 가장 아름다운 풍경이라는 영화에서 보일 예고편에 불과했다.

이 십 여 분만에 아웅반에 내렸다.

오토바이의 뒷자리라는 것은 또 은근히 숨겨진 명당이다.

삔따야로 들어가는 픽업트럭은 1,000짯. 역시 사람이 차야 떠나지만 기본적으로 열한시가 되면 떠난다고 했다. 시간은 한 시간 정도가 남아있다. 혹시 삔따야에서 실패할 경우를 대비해 아웅반 숙소를 알아보러 시내라고 할 것까지 없는 길로 들었다.

아웅반은 삔따야와 껄로 그리고 쉔양정선과 그 너머 따웅지Taunggyi 까지 가는 길의 요충지에 있기 때문에 넘치는 활기가 있었다. 조금 전 픽업 앞에 서 있던 낡은 버스는 심지어 만달레이까지 간다고 한 것 같았다. 버스 안에는 그 대장정에 미리 지쳐버렸는지 많은 승객들이 벌써부터 모두 잠을 자고 있다. 지친 얼굴들은 유난히 팍팍하다.

아웅반의 시내에는 작고 허름한 모스크도 있었고 숱한 가게들은 갖가지 생필품들을 팔았다.

묵을만한 숙소를 찾는 나에게 어떤 인도계 사내는 분명히 미얀마어가 아닌 다른 언어로 얘기했다. 무슨 이유인지는 모르겠지만 약간 언성을 높였고 자신이 하고 싶은 말을 하고 있는 것도 같았다. 이곳에서 외국인이 머물 수 있는 숙소는 단 두 곳이라는 설명을 듣고 숙소를 찾았지만 복잡한 시장에서 그 숙소가 가깝게 있을 리는 없었다. 점점 더 엄한 길로 접어들고 있다고 생각한 순간 내 옆으로 오토바이가 한 대 섰다. 아까 나에게 묵을만한 숙소를 일러주었던 중국계 여성 티티웨. 중년의 그녀는 생각보다 바보 같은 여행자가 일러준 길로 가지 않고 엉뚱한 길로만 가자 계속해서 지켜보고 있다가 달려온 것이다. 게다가 화려한 호텔의 리셉션에게 여행자이니 가격은 물론 친절한 서비스도 잊지 말아달라고 주문하는 것 같았다. 감사하다고 했지만 무언가 더 감사했다. 티티웨는 그야말로 쿨하게 사라졌다.

이렇게 미얀마 사람들이 베푸는 친절을 매번 그대로 받아도 될까.

결과적으로 호텔은 삔따야로 가는 픽업 정류장 바로 앞에 있었다.

여행자가 머물기에는 조금 과한 수준. 아무튼 숙소에 대한 보험을 들어놓았다. 또 여의치 않으면 여기서 바로 껠로로 넘어가지 뭐.

열한시에 떠난다는 픽업은 계속해서 손님을 기다리고 있다.

지루했지만 급할 것이 없는 여행자인 나는 트럭에서 내려 볕을 즐기고 있었다. 아직까지 단 한 번도 미얀마에서는 조급하다거나 쫓기는 마음을 가져본 적이 없다.

불안, 초조, 겁먹음 혹은 나아가 이상한 공포. 부인할 수 없는 여행에서 빼놓을 수 없는 또 다른 한 축.

가게에서는 애절하고 많이 슬프면서도 세련된 중국가요가 흐르고 있었고 저마다 그들에게 주어진 하루의 삶을 살아가고 있었다. 그때였다.

내 앞에서 갑자기 무엇인가 떠올랐다. 갑자기 눈이 부실정도의 빛이 내 앞에서 강력하게 터져버렸다.

스무 살 정도의 한 처자.

기본적으로 얼굴은 작았으며

이마는 어질고 이해심이 많

아 조급하지 않고

갈색의 눈동자에서는 쓸쓸한 늦가을의 낙엽이 졌으며

또 작은 뺨에는 이른 벚꽃이 흩날렸다.

퍼머기가 있는 머리는 조금 푸석했지만 뒤편에 꽂은 꽃으로 조화로

웠으며

미인의 기준답게 목은 길어 자신감이 있었고

어깨는 늦봄의 새벽바람이 그러하듯 서늘했다.

가느다란 팔은 버드나무가지가 오뉴월 바람에 날리듯 정갈하게 내

려 왔을 뿐더러

허리에서부터 이어진 여성미는 부드러운 능선......

이라고 말하기보다는, 그냥 예뻤다.

모힝가 블루스 여인에게서는 아이가 있어서 그런지 어느 정도의 완

숙미와 노련미가 엿 보였지만 이 처자는 말 그대로 세속적인 관능미 따위는 배제된 채 그저 순수하게 예뻤다. 그녀의 얼굴과는 조금은 미스매치 같지만 삶은 계란과 메추리알을 파는 그녀는 내 앞에서 계란을 사라며 웃고 있었다. 그녀에게 좀 더 세련되게 오렌지를 팔아보라고 할 수는 없이 그저 계란 네 개를 사는 것에 그쳤다. 그녀가 가지고 있는 계란 모두를 사야했지만 고작 소금을 달라는 나에게 그녀는 역시 가느다랗고 조금은 빛에 그을린 손가락으로 소금을 담아주었다. 사진 한 장을 부탁한 나에게 수줍은 미소를 주며 쓸쓸하게 계란 바구니를 안고 모퉁이 뒤로 사라진 그녀. 정말 오랜만에 마음이 흔들렸다.

나는 많은 남성들이 마땅히 그렇듯 예쁜 여자를 좋아한다.

알고들 있지만 마음은 변해도 얼굴만은 안 변하거든.

마음이 예쁘면 얼굴도 예뻐 보인다고?

누가 그래. 마음이 제일 빨리 달아나.

머릿속에서 온갖 생각들이 과부하가 걸릴 것처럼 갑자기 제멋대로 뻗어나갔지만 난 언젠가부터 먼저 달리지 않기로 했다. 성인들의 사랑은 절대 감정이 앞서서도 안 되며 그러면 안 되는 구조의 사회에 살고 있다. 나는 이미 이렇게 자체 세팅된 지 오래다.

그저 마음이 흔들리게그것 자체만으로도 아주 유쾌하고 썩 기분 좋은 일이기에 해 준 그녀에게 감사를.

뻰따야로 가는 길에 진입한 후 나는 조금 전 그녀를 완벽하게 잊을 정도로 엄청나게 아름다운 뻰따야 평원을 보고 말았다.

도착할 때까지 정말 마음대로 한껏 펼쳐진 그 장면은 마치 반드시 예쁘고 말겠다는 뻰다야의 독기서린 아름다움과도 같았다. 이렇게 예쁘고 아름다우며 게다가 조신하고 귀엽기까지 하면서 혼자서 사색을 즐길 줄도 아는 뻰따야 평원.

구릉에 듬성듬성 서있는 소담한 나무들은 최대한 정성스럽게 자리하고 있다. 마치 폭신한 커피 케이크에 초록색 솜사탕을 심어 놓은 것 같다. 나뭇잎에 만일 색깔이 있었다면 뻰따야 평원은 무지개 평원이라는 애칭이 붙었을 것이다.

미얀마에는 미소와 친절 말고도 이렇게 감당하기 어려운 것들이 너무나 많다.

정말이지 이런 나라는 처음이다.

왼편의 산 능선을 따라 생각보다 거대하게 지어진 사원을 보며 뻰따야에 들어왔다.

정신을 차리지 못할 정도로 아름다움이 폭발한 구간이었다.

오. 나의 뻰따야 평원.

빤따야

꿈속에서만 가능한
삔따야 평원

어째서 이런 땅을 두고 전쟁이 일어나지 않는 건지

이해가 되지 않을 정도로 삔따야 평원의 미의 깊이는

그야말로 전리품의 일종이며

이런 장면은 평생 꿈속에서도

한 번 보기가 힘들 것이다.

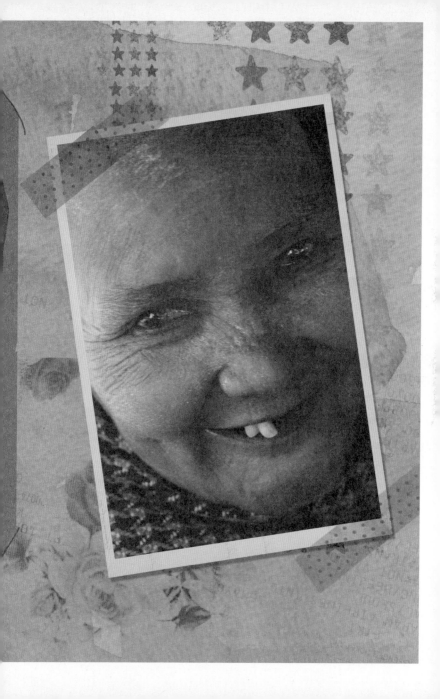

미파 조지라는 숙소에 묵기로 했다. 터미널이라고 할 것 까지도 없는 길모퉁이의 터미널에서 바로 보이는 곳이다. 나름 값비싼 리조트들이 있는 이 삔따야에서 이 미파 조지는 여행자들에게는 구원과도 같은 존재였다. 2층 그리고 끝 방. 스텝들은 충분히 감안해서 나에게 이 훌륭한 방을 주었다. 그리고 창문 앞에는 생각지도 못한 인공호수가 펼쳐져 있다. 여자 스텝들의 친절함과 미소는 인레의 아쿠아리우스보다 더 괜찮았다.

식당에서 국수를 먹고는 먼저 쉐우민 동굴사원으로 향했다.

힘없이 손님을 기다리던 호스카들이 있었지만 픽업을 타고 들어오면서 보았던 쉐우민까지의 거리가 얼마 되지 않았었고 결정적으로 삔따야에서는 모래바람이 일었다.

작은 소용돌이마저 일으키며 빠른 속도로 휘청거리는 바람 속을 걷는 것은 사실 쉐우민 말고도 앞에 두어야 할 일이었다. 식당과 옷가게에서는 먼지를 닦고 털어내기 바빴다. 갑자기 모두들 떠나려고 철수를 시작하려는 것도 같았다.

　예컨대 커다란 보리수나무들이 심어져 있는 쉐우민의 입구로 들어가는 길은 나에게 주어진 이 호사스러운 미얀마 여행의 마지막 절정일지도 몰랐다. 나는 이런 여행을 하고 싶어서 아직 철이 들기가 싫다. 나무들의 가지 사이로 바람의 속도만큼 쏟아지는 햇빛. 잘려진 빛들이 일제히 그리고 의외로 정갈하게 휘감겨 떨어진다.

　어느 화가도 어떤 음악가와 시인도 이런 장면을 표현해 낼 수는 없다.

　나는 이런 순간에, 미안하지만, 이 세상에 있고 싶지 않다.

　아니 눈을 그냥 감아버리고 싶다.

To die, to sleep, maybe to dream.

　뉴 트롤스New Trolls의 고향 이탈리아의 제노바.

　이런 장면들을 수도 없이 보고 자랐다는 얘기인가? 게다가 거긴 항구도시라며.

　길 끝에 있는 나무 밑에는 꼬치집이 있었다.

　세 자매가 재잘거리며 운영하는 꼬치집에는 뜻밖에 나를 태우고 왔던 픽업트럭의 차장친구가 앉아있었다. 자식. 분명 누군가를 마음에 두고 있구나.

　나무 아래서 사랑하는 사람과 그 가족들과 함께하는 식사.

어째서 모두들 누군가에 빠져 있는 걸까.

미얀마에는 사랑마저 마음껏 허락되었나보다.

Nattamiekan

쉐우민 동굴Shwe Oo Min Cave에 올랐다.

빡빡한 계단이 계속해서 정상까지 이어졌다. 마주친 사람이라곤 없
었다. 중간에 쉬면서 내려다 본 삔따야의 아름다운 평원과 천사의 호
수라고도 불리는 Nattamiekan호수는 쉐우민 동굴이 설사 기대에 못
미친다고 하더라도 이미 충분하게 끌어올려 주었다. 오랫동안 전해 내
려오는 지역 전설에 따르면 삔따야라는 말은 버마어로 '거미를 잡았

다' 라는 뜻의 핀구야란 말에서 온 것이라고 하며 이 이름은 동굴에 살던 큰 거미가 호수에서 목욕을 하던 공주를 납치했던 전설에서 유래하였다고 한다. 공주는 이 동굴 속에 갇히게 되었고 거센 폭풍우와 비바람이 치던 어느 날 활과 화살로 무장해 동굴로 잠입한 왕자의 도움으로 굴에서 탈출했다고 한다. 거미를 쓰러뜨릴 때 왕자는 거미를 잡았다 즉, 거미를 죽였다고 크게 외쳤고 이 외침이 곧 지역 이름이 되었다고 전해진다. 그래서 삔따야 마을의 심볼은 거미라고 한다.

입장료와 카메라 촬영권을 끊고 만달레이 힐이나 사가잉 언덕을 오를 때처럼 가파른 계단을 다시 올라 제 1동굴에 들어선다. 시끄러운 프랑스 관광객들이 부처가 모셔져 있는 신성한 동굴 안에서 왠지 모르게 신나있다. 서로 자기 자식들에 대한 자랑을 하던지 오늘 저녁에 메뉴에 대해서 격정적인 토론을 하고 있는 것 같았다.

하얀색 대리석, 청동 그리고 석고상과 당연하겠지만 황금빛의 불상이 무려 8,000개가 넘는다고 알려지지만 계속해서 불상은 늘어나고 있다고 한다.

껄로의 동명의 동굴과 사뭇 다른 분위기의 1동굴 견학을 마치고 2동굴로 향했다. 관광객들은 모두 1동굴에서 모든 투어를 마치는지 관리인을 제외하고는 아무도 없었다.

어차피 사원을 오를 때부터 혼자였다. 아무도 없던 2동굴에서 다시 3동굴까지 가볼 생각이었지만 관리인은 문을 닫았다고 한다. 보름달

이 뜨는 한 달에 한 번 개방을 한다는 3동굴을 그래도 무슨 생각인지 입구까지만 보고 싶으니 가도 되냐고 했고 관리인은 꼭 돌아오라고 했다. 결국 돌들이 박혀있는 길을 지나가다 포기했다. 맨발로 일찌감치 돌길이 시작되는 길을 넘는 것도 무리였지만 생각보다 나오지 않는 3동굴은 나의 포기를 부추겼다. 결국 갔다가 그대로 삔따야 시내까지 내려갈 것 같은 기세였다. 저 멀리 계단 밑에 두고 온 신발이 문제가 되는 것은 아니었지만 산 속에서 길을 잃기에는 이미 오후의 시간이 넘어 있었다. 돌아온 나에게 관리인은 그제야 20여분은 걸어가야 3동굴이 나온다고 했다.

다시 돌아온 1동굴 앞에서는 잠시 소란이 일어났다.

한 사내가 손목이 잡혀 끌려나왔다.

티브이에서 미얀마 영화를 보던 열 명에 가까운 남자들이 영문도 모른 채 우르르 그쪽으로 몰려갔고 덩달아서 그들은 내용도 모르고 자발적으로 기꺼이 그 상황에 함께 참여했다.

남자들을 가끔 개라고 표현하는 것은 정말 멋진 표현인 것 같다.

사내는 분명 동굴 안에서 불손하거나 불경한 일을 한 모양이었다. 불안한 눈빛과 어눌한 말투는 이미 자신감을 잃어버렸다. 확실하게 잘못을 인정한 사내 앞에 관리인 인 듯한 남자는 마주 서 있었지만 뒷짐을 지며 사내의 상황을 일단은 차근차근하게 들어주고 있었다. 어차피 주위의 남자들은 아무 쓸모없는 주변인들이었다. 처벌이나 처분을 받겠느냐고 묻는다면 그 사내도 분명 받아드릴 터. 삶의 자세는 저런 곳에서 빛나게 판가름 나기 마련이다.

인정하고 받아드리는 것.

좋던 싫던 그것이 원래 내 것이기 때문에 지금 나의 것이 되었다는 커다란 긍정의 자괴 또는 자괴의 긍정.

내가 미얀마의 서쪽 나라인 인도에서 배운 삶의 눈물 나는 자세이다.

사원을 내려왔다.

이번에는 아까 불었던 그 온기어린 바람이 육중하고 전혀 다른 패턴으로 불어왔다. 만약에 저 커다란 나무들이 산 밑에서 온 몸으로 저항하지 않았더라면 이 뻰따야 마을은 태어나지도 않았을 정도로 바람은 심하고 때로는 괴팍하게 불어댔다. 마을을 곧 거두어 갈 것 같았다. 난 이것도 좋았다.

사람들이 닭 한 마리를 놓고 무척 진지하게 모여 있다.

고작 닭을 쳐다보는 사람들의 눈빛이라고는 믿을 수 없을 정도로 모두가 무거웠다.

나는 곧 닭이 그들에게 무슨 계시라도 내려줄 것 같았다.

닭이 잠을 자고 있느냐는 시늉을 하니 그들의 대답은 일제히, 아파요.

아픈 닭 한 마리를 두고 이렇게 된 이상 기필코 오늘은 이 녀석을 먹어버리고 말아야겠다고 생각하는 사람은 없어보였다. 삔따야는 이런 곳이다.

계속해서 산에서 불어오는 바람은 호수에서 탄력을 받고 공중으로 차올랐다가 그대로 온 마을에 뿌려졌다.

창문이 마치 러시아의 겨울처럼 덜컹거리고 서늘하게 놓여있는 침대에 앉아 난 어제부터 계속되는 미얀마 여행에 대한 여로를 마치고 싶다는 생각을 또 하게 되었다.

솔직히 이런 감정은 처음이었고 또 이것이 정확히 어떤 감정인지도 모르겠다.

한 달에 한 번씩 찾아오는 '가라앉음' 이라는 나만의 기간도 아니고 몸이 지친 것은 더더욱 아니었다. 누군가 보고 싶은 것은 물론.

차웅따 해변과 대망의 양곤이 아직 남아있지만 난 심정적으로 이미 무언가를 정리한 듯했고 그냥 그런대로 받아드리기로 했다. 마음이 결정되었다면 그 뿐.

그리고 이것은 삼자의 감정개입이 없는 나의 결정이다.

이 친구야.

바람이 불던 비가 오던 유적으로 뒤덮인 거리를 걷던 혹은 사랑하는 사람이 생기던.

그냥 편하게 다니렴.

아무도 널 쫓아오지 않는 다구.

그냥 편하게 다니렴.
아무도 널
쫓아오지 않는 다구.

숙소로 돌아왔다가 오늘 하루를 정리하고 다시 거리로 나섰다.

어둠이 내린 삔따야의 거리에는 아무도 남아있지 않고 모두들 사라졌다. 상점들 그리고 호수위에서 빛나던 달빛도. 아홉 시라는 하루를 마감하기에는 너무나 이른 시간에 정말 거짓말처럼 모두들 사라졌다. 축구를 보기위해 나온 식당에는 가로등 밑에서 휘청거리는 사람과 몇몇의 주당들만 모여 맥주를 들이킬 뿐 전체적인 시간은 이미 새벽을 향한 것 같았다.

맥주를 시켜 한 잔 마시고는 일어섰다. 축구도 재미없었지만 추위에 식당 귀퉁이에서 혼자 차디찬 맥주를 마시는 것이 영 어울리지 않았다. 갑자기 산예가 그립다.

얼마 안 되는 거리의 숙소로 돌아오니 주인이 모든 문을 굳게 잠그고 숙소의 불을 끄려고 한다.

"벌써 잘 건가요?"

"늦었습니다."

삔따야는 일찍 눈을 감았다.

바람은 끊임없이 이 작은 마을을 휘감고 어둠과 섞여 곧바로 암흑과 결탁했다.

이후로 무슨 일이 대대적으로 벌어질 것만 같았다.

나는 일찍 눈을 감을 수밖에 없었다.

*

삔따야는
무척 추웠다.

새벽 세 시. 일찍 잠에서 깬 이유를 도무지 모르겠다. 아무래도 추위
가 단단했나보다.

픽업이 아홉 시 반에 출발하고 그것이 아웅반으로 나가는 막차라는
사실은 이해할 수 없는 시스템이었지만 거의 모든 삔따야 주민이 그렇
게 말했다. 세 시부터 몇 시간 동안이나 멍하게 지내다가 새벽시장과
호수주변을 잠시 걷고는 짐을 챙겼다. 지금까지 가지고 다니고 있는
한국라면을 주방에서 끓였고 아무도 없는 식당에서 후루룩거리며 먹
었다. 온몸 가득 나트륨이 들어왔다. 아주 괜찮았다.

픽업은 정확하게 열 시에 출발했다.

여전히 아웅반으로 나가는 길은 아직도 여전히 그대로 그리고 벅차게 아름답다.

어째서 이런 땅을 두고 전쟁이 일어나지 않는 건지 이해가 되지 않을 정도로 삔따야 평원의 미의 깊이는 그야말로 전리품의 일종이며 이런 장면은 평생 꿈속에서도 한 번 보기가 힘들 것이다.

예전의 꿈이다.

난 언덕아래에 있었다.

멀리 커다란 공룡의 등처럼 넓은 등선이 내 앞에 펼쳐져 있었다.

난 물론 혼자였다.

초록의 평원과 바다 같이 보이던 하늘 그리고 몇 점만 보이던 구름들.

그리고 내 뒤에서 살며시 불어오던 바람

그 속에서 들리던 비밀의 속삭임

난 조용히 떠올랐다.

모든 것은 내가 하늘에 누워있는 것처럼

나를 점점 떠밀었고

난 눈을 감고 끝까지 날아올랐다.

그리고 눈을 떴다.

하얀색 천장이 보였다.

갑자기 방 밖으로 뛰쳐나간 나는

방금 전까지 내가 바라보고 있었던 장면이 순식간에 사라지고

회색의 아파트 벽에 상기 된 벌건 해의 자락을 볼 뿐이었다.

나는 주저앉았다. 그리고 흐느꼈다.

정말이지 다시는 보지 못할 아름다운 천국의 모습.

난 내가 그런 꿈을 꾼 것을 저주했다.

설핏 든 낮잠 속에서 보았던 그 장면.

나는 그것을 빤따야에서 겨우 찾았다.

픽업은 나를 아웅반의 정션에 내려준 후 다시 껄로로 가는 다른 픽업을 태웠다.

또다시 사람들을 태우기 위해 기다리고 있던 참이었다. 쟁반에 얹고 다니는 상인에게 무언가를 사서 먹다가 이상한 맛에 뱉고 있는 중이었다. 그때.

그녀가 내 앞에 나타났다. 아니 그냥 지나쳤다.

하지만 그녀의 시야에는 분명히 내가 있었다. 각도가 그랬다.

노란 셔츠에 밀짚모자로 포인트를 준 그녀.

그녀는 반대쪽으로 길을 건너려고 하고 있었다.

조금 빠르게 진행되었던 시간이었기에 나는 오로지 그녀를 눈으로

만 쫓을 수밖에 없었다.

그리고 길을 다 건너 서로의 얼굴이 아직은 보일 때 그녀는 이쪽을 아니 나를 돌아보았다.

물론 나도 그녀를 보았다.

순간, 일어서려고 하는 내 어깨를 나의 양손이 잡았다. 등이 밀었지만 이번엔 다리가 밑에서 당겼다.

이것 봐. 내려서 어쩔 셈이야.

쓸데없는 얄팍한 추억 따위는 만들지 말자구.

이제까지 우리 모두 그렇게 이해하고 여기까지 왔잖아.

냉정해 주었으면 해.

온 기관이 묶여 있는 상태에서 난 마지막으로 그녀에게 조금 웃어 보일 수 있었다.

내 수족들의 마지막 배려.

다른 음식들을 파는 가족들 사이로 들어가 버린 그녀는 그러나 그때 나를 보지는 않았다.

그 안에서 그녀는 즐거워 보였다.

한참을 웃던 그녀는 이제 픽업이 떠나고 나머지 모든 승객들이 타며 픽업에 뛰어오를 때 그때 다시 한 번 나를 쳐다봐 주었다.

그녀는 그때 웃지 않았다. 하지만 나에게 그냥 한 마디를 했다. 어렵게 꺼낸 것 같았다.

'이게 다예요'

양곤으로 가는 버스는 오후 다섯 시.

삔따야에서 잠을 충분하게 자지 못한 채로 껄로에 일찍 도착했고 몇 시간동안 마땅하게 있을만한 곳도 없었다. 어제 춥게 잤기에 몸살기운도 조금 있었다.

무작정 위너호텔로 들어가 상황설명을 하고 이를테면 '쉬다 가겠다.'고 했다.

그런 훌륭하고 합리적인 시스템이 한국에만 일을 것이라고는 생각하지 않았다.

리셉션의 청년은 반 지하층에 있는 문에 손잡이도 없는 차디찬 방을 보여주었다.

세 시간에 2,000짯. 그럭저럭 괜찮은 딜이다.

여행사에 맡겨 둔 짐을 찾아오자 바로 조금 전과는 달리 5,000짯이라는 리셉션. 골든 릴리의 그 훌륭한 2층 방이 하룻밤에 4,800인데?

이럴 때를 대비해 온갖 표정을 연습해오는 것이 중요하다. 문법에 맞지도 않는 엉터리 영어는 물론 상대방이 반박할 기회를 주지 않고 감정의 틈을 올리기 전에 무언가를 끝내려면 모든 것을 빠르게 해 대야 한다. 나는 고작 몇 천원을 위해서 나의 모든 감각과 기관을 동원해야 했다. 그리고 마지막의 애절할 것 까지도 없는 Please.

눅눅한 방이었지만 옷을 주섬주섬 껴입고 잠을 청했다. 피곤이 너무나 갑작스럽게 몰려왔기에 그동안 나는 모든 것을 닫고 서둘러 잠속에 빠졌다. 천국의 모습이고 뭐고는 필요 없었다.

위너에서 나온 나는 시장을 돌다가 무엇이 그리 급하고 예뻤는지 색색깔의 단순하기 그지없는 샌들을 무려 네 족이나 샀고 껄로의 특산품인 선물용 차도 구입했다. 점심을 먹으러 들어갔던 식당에는 이스턴 파라다이스호텔의 아들이 있었다. 그때도 아침부터 취한 채 뒷마당에 앉아있던 그가 오늘도 지금 이 시간에 컵에 위스키를 잔뜩 부은 채로 앉아있다. 며칠 동안 오로지 술에 찌들어있는 것처럼 보였다. 말끔한 상의, 잘 빗은 머리 그러나 어두운 얼굴. 나는 그가 어떤 불행을 겪고 있으며 자신이 어찌할 수 없는 난관을 마주하고 있는지 몰라 어떤 말로도 그를 비판하지 않는다. 술만이 그를 구원할 수 있다면, 난 그것을 말리지도 않는다. 그것은 개인의 몫이고 자신의 짐이며 본인의 선택이다.

짐을 맡아주었던 여행사 주인에게 아이스크림을 대접했으며 미얀마 정부에 강한 비판의식을 가지고 있는 사내를 만나 이런저런 얘기를 나누었다. 양곤이 집이지만 껄로의 건설현장에 나와 있다는 그는 역시 한국드라마를 하루 종일 본다는 그의 어머니와 부인 그리고 딸등 세 여자에 대해서 아주 지긋지긋해 했다. 아울러 정말이지 하루가 다르게 오르고 있는 미얀마의 물가 그리고 역시 발전을 하지 못하고 머물러 있는 미얀마의 현 상황을 개탄해 하기도 했다. 미얀마에서 정부를 비판하는 발언을 하면 좋지 않다고 하는 얘기를 들었는데 사내는 거침이 없었다. 소신과 주관이 있다면 겁날 것이 없겠지.

버스는 저 멀리 따웅지에서부터 쉔양과 아웅반을 거쳐 다섯 시에 껄로에 도착했다.

이제 껄로를 나간다.
바간과 만달레이가 벌써부터 아득해져 버렸다.
인레와 아름다운 삔따야 그리고 나의 사랑스런 껄로가 있었기에 그렇게 빨리 과거가 되었나보다.

나는 양곤에 도착한 후 바로 차웅따Chaungtha 해변으로 간다.
원래대로라면 몰라마잉과 빠안을 다녀오는 것이었지만 며칠 전부터 그냥 바다에 가서 그냥 하루 종일 앉아있고 싶었다.
나는 계속되는 불상과 현대적인 터치가 가미 된 탑들을 보는 것에 확실히 싫증이 나 있었다. 그런 투정과 싫증이라면 바다는 언제든지 어디까지나 받아줄 것이기에 차웅따로의 선회는 적절한 선택이라고 느꼈다. 나는 그곳에서 정신과 몸을 충전한 후에 마지막으로 양곤을 볼 것이다.

양곤의 터미널에 내린 시간은
다섯 시였다.

껄로부터 곧바로 시작 된 굴곡의 산길은 초반부터 피로를 몰아주었고 고속도로로 진입한 후부터는 추위와 티브이 소리 때문에 전혀 잠을 이룰 수가 없었다. 껄로에서부터 다섯 시간이나 지나 당도한 따지는 생각보다 작은 마을은 아니었지만 정말이지 즐비하게 늘어선 식당과 상점들 말고는 별 다른 것이 없어보였다. 그때 따지로 바로 내려갔더라면 난 뻰따야를 못 보았을 것이다.

따지와 뻰따야. 그건 비교하거나 생각하고 싶지 않다.

그야말로 큰일 날 뻔했다.

어두운 양곤 터미널에는 이곳저곳에서 내리고 떠나는 차량들과 그 인원들을 실어 나르는 온갖 택시와 오토바이들로 실로 정신을 차릴 수가 없었다. 우선 담배를 하나 물었다. 담배를 피울 때 동시에 불을 찾아야 하는 그 비생산적인 과정이 귀찮다. 불이 붙어 나오는 담배는 없을까.

그때 만달레이와 몽유와를 함께 여행했던 선생님들이 바로 내 앞을 지나갔다.

"형님!!!"

"오. 정 선생!!"

결국 인레와 껄로에서 하루 차이로 엇 갈렸던 우리는 이렇게 다시 차웅따 팀으로 급조되었다.

우리는 서둘러 택시를 섭외했다. 택시 값은 물론 우리가 알아온 가격과 엄청나게 차이가 났다. 그때 우리 앞에 나타난 택시기사는 이렇게 물어봤다.

"어디가요?"

아주 고급스러운 이름인 민정우라는 한국이름도 가지고 있는, 한국 인천에서 이 년 정도를 일했다는 민쩌우. 한국말도 어느 정도는 통한다.

차웅따로 가는 버스 터미널은 이곳과 또 달랐다. 양곤에는 버스 터미널이 최소 세 곳은 되는 셈이다. 어두운 양곤의 외곽을 거의 한 시간에 육박하는 시간을 달려 엄청나게 택시로 붙어오는 속칭 삐끼들을 뚫고 안전하게 차웅따행 매표소에 내릴 수 있었다. 물론 적당한 가격을 지불했음은 물론이고 무사하게 도착했음이다. 만일 혼자 여행하는 여행자가 있다면 미얀마 여행 중 가장 위험에 노출될 구간이었다. 우리는 남자가 셋이었으니.

역시 정보와는 달리 엄청나게 오른 버스표를 지불하고 5분도 안 돼서 바로 여섯 시 정각에 출발했다.

만일 민정우의 차를 바로 타지 않았더라면 그리고 그가 정확히 우리의 행선지를 이해하지 못했더라면 다음 차인 12시 차를 탔어야 했다. 이런 터미널에서 이런 컨디션을 가지고 여섯 시간을 기다리는 것은 솔직히 무리다.

껠로라는 고산지역에서 내려 온지가 한참이 되기도 했지만 갑자기 변해버린 날씨와 풍경에 조금 당황할 정도로 미얀마 중부의 정취는 조금 달랐다.

새벽이 서서히 벗겨지면서 드러난 농경의 모습은 중간에 여권검사를 하는 검문소의 정경과 맞물려 이제야 진정 동남아시아의 미얀마에 왔다고 느낄 정도였다.

멀리 논에서는 농사일이 한창이었다. 바로 옆에는 추수를 앞둔 누렇게 익은 논이 있고 바로 그 옆에는 초록의 모내기를 시작한다. 삼모작이 가능한 나라. 한날 동시에 추수와 파종이 가능한 나라. 그러나 농민은 일 년에 단 한 번만 추수를 할 수 있는 나라.

미얀마를 여행하면서 분에 넘치고 격이 다르며 느낌이 벅찰 정도로 감사한 여행을 하고 있지만 실상, 군부독재 아래에서 기본적인 삶만을 살고 있는 미얀마인들을 생각하면 내가 오히려 감상적이고 피상적인 여행만 하는 것은 아닌지 고민이 든다. 그러한 삶들을 살고 있는 그들이기에 그런 상황에서 그들로부터 전해지는 그것이 우리에겐 아니 나에겐 그렇게 눈물겹게 미안하고 고맙다.

잠에서 깼더니 버스가 정차한 채 승객들이 웅성거린다.

주변을 보니 승용차 한 대가 그대로 논바닥에 처박혀 있고 아마 그 차의 운전을 했던 것으로 보이는 고위 군인인 듯한 남자가 얼굴과 군복의 상의를 모두 피로 적신 채 버스에 탔다. 승객들은 모두 한꺼번에

뒷좌석으로 밀렸다. 그때부터 버스는 조금도 쉬지 않고 거의 두 시간 이상을 엄청난 경적소리와 함께 달렸다. 중간에 그의 부관인 듯한 군인이 다시 탔고 버스는 속도마저 보태져 나는 지금 어디로 가고 있는지 모를 정도로 덩달아 다급해졌다. 빠떼인Pathein이라는 도시를 지나 결국 버스는 군부대마저 들어갔다. 입구에서 보초를 서던 군인은 연락을 받았는지 급하게 바리케이드를 올렸고 버스는 아무런 제지 없이 그대로 미얀마의 최대 예민한 집단인 군대까지 들어가게 되었다.

피가 굳으면서 얼굴이 거의 검은색으로 바뀐 군인은 그제야 다른 군인들의 부축을 받으며 어디론가 들어갔다. 곧이어 검문을 하려는 듯한 군인들 두 명이 버스에 올랐다. 긴장감 넘치는 군대 안에서 카메라를 보였다가 무슨 일을 당할지 몰라 가방 밖으로 꺼내 놓았던 카메라를 얼마나 조심스럽게 가방에 넣었는지 모른다.

점심시간을 가지고 다시 차웅따로 달린다.

생각보다 차웅따로 가는 길은 멀고 지루하고 또 답답했으며 좁고 덥고 불편한 버스는 그 무게를 더했다. 우리는 서로를 보며 고개를 절래절래 흔들어댔다.

작은 산의 고개를 수십 개 넘어 다시 두 시간이 지나 드디어 바다가 힐끗 보이던 차웅따에 내렸다. 여섯 시간 반.

어제 껄로에서부터 거의 스무 시간 가까이 차만 타고 있다.

미얀마의 바다. 마음이 활짝 열렸다.

차웅따

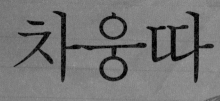

미얀마 그리고 바다가

합쳐져 만들어 낸 이름

마당의 야자수들은

모두 바람에 몸을 맡긴 채

서서히 흔들리며 춤을 추고 있었다.

모두가 잠든 사이

몰래 벌이던 그들만의 축제

그리고 탄생의 파티.

솔직히 말하면 난 그 순간

바닥에 쓰러졌다.

까닭 없는

그리고 슬픔이라고는 말할 수 없는

눈물이 터질 것 같았기 때문이다.

중요한 것은 벵골만을
마주보고 서 있다는 것이었다.

세계에서 가장 비가 많이 오는 바다중의 하나.

아마 몇 년 안에 갈 것 같은 인도의 오른쪽 바다와 마주하고 있는 벵골만.

나는 운 좋게도 태평양과 대서양, 인도양은 물론 아라비아 해와 지중해, 멕시코 만과 동해를 보았고 그리고 운 없게도 아직 흑해와 카스피 그리고 발트와 오오츠크 해를 보지 못했다. 이란과 터키는 반드시 갈 것이기 때문에 흑해와 카스피해는 언젠가 볼 것이다.

인도의 오른쪽이자 방글라데시의 아랫부분이며 미얀마의 왼 편에 놓여있는 벵골의 바다. 같이 히말라야에서 출발해 머나먼 여정을 마친 인도의 갠지스와 미얀마의 에야와디가 마침내 만나는 곳이다. 남태평양처럼 이국적이지는 않지만 낯선 바다를 정면으로 마주하고 있다는 것만으로도 충분하게 벅차다.

차웅따의 북쪽으로 한참 올라가야 만나는 응아빨리Ngapali 해변이 서양 외국인들의 휴양 거처라면 미얀마 현지인들이 즐겨 찾는 해변으로 알려진 차웅따는 소박한 하나의 마을이었다. 리조트들이 늘어서 있는 구역이 먼저 조성되고 상권이 뒤 따르는 형상이 아닌 마을 한 편에 있는 곳이 그저 바다인 차웅따. 미얀마라는 이미지와 바다라는 단어가 합쳐졌으니 차웅따의 폭발력은 이미 기대감만큼 부풀었다.

주말은 현지인들로 북적일지도 모른다는 생각에 계획적으로 도착한 월요일 낮의 차웅따는 그러나 방을 구하기가 쉽지 않았다. 돈을 많이 지불하면 물론 훌륭한 해변에서의 나날들을 보낼 수 있었겠지만 선생님들과 내게는 기본적으로 적정선이라는 것이 있었다. 우리는 절대적으로 깨끗한 화장실이 방을 구하는 데에 드는 최우선 순위도 아니었고 표백제로 과도하게 처리된 침대시트도 필요치 않았다. 꼭 바다가 보이는 창문이 있는 방을 필요로 하지도 않았음은 물론이다. 몇 번의 시도 끝에 쉐 힌따Shwe Hintha라는 게스트 하우스에 짐을 부렸다. 무엇보다 여러 직원들의 친절함은 당연히 이곳을 숙소로 정하게 해 주었다. 게스트 하우스는 거의 리조트 급으로 이름만 게스트하우스였지 모든 것이 그 이름을 상회했다. 몽유와에서 두 선생님들의 장엄한 코고는 소리를 들었기에 나는 방을 따로 잡았다. 파도소리가 들리는 바닷가에서 코고는 소리를 들으며 잠을 잘 수는 없었다. 덕분에 선생님들보다 더 많은 돈을 지불해야 했지만 어쩔 수 없었다. 그래 보았자 15불이다.

어제부터 계속 차만 타고 오느라 우선은 무언가를 마음 놓고 먹기로 했다.

숙소에 딸려 있는 식당에서는 뜻밖에 한국라면을 팔았다. 심지어 고추장과 초고추장도 있었다. 하지만 현재 한국에서 팔리고 있는지 의심되는 특이한 이름의 라면우리나라에 현재 고려면이라는 라면이 있던가?을 게다가 겉봉지에 먼지가 뽀얗게 앉은 라면을 선뜻 먹기는 그랬다. 가지고 있는 최후의 보루는 모두들 내일 꺼내기로 하고 우선 미얀마 국수로 요기를 한 후 마음껏 쉬기로 했다. 이런 곳에서 세우는 계획은 그저 '아무것도 안하기'가 최고일 것이었다.

사람들이 많지 않은 해변에는 적은 수의 외국인들과 그보다 조금 많은 수의 현지인들이 그 넓은 해변을 만끽하고 있었다. 음식과 물건을 파는 행상들의 얼굴에는 모든 미얀마 사람들이 그러하듯 조급함이나 서두름 없이 마찬가지로 나쁠 것 없다고 하는 것 같았다. 한국에서는 마땅히 돈을 내야 하는 야자수 밑의 파라솔이나 해변을 조망하기 좋은 식당의 의자도 모두 이곳에 있는 모든 사람들의 것이었다.

우리는 투어를 하라고 계속 종용하던 그러나 그다지 싫지 않게 따라오는 청년에게 내일 투어를 맡겼다. 내일 투어는 배를 타고 직접 벵골로 나가 낚시를 하고 무인도에 들어갔다 오는 그럴듯한 투어였다. 같은 숙소에 묵고 있는 역시 선생님이라던 두 한국인 처자는 이곳에서 가장 유명세가 있는 화이트 비치는 추천하지 않았다. 어느 여행지나 이를테면 그곳을 다녀온 선배들의 충고를 듣는 것은 어떤 글자나 활자보다도 정직한 안내였다. 오후 네 시가 넘자 모두들 벌써부터 해변으로 모여 있다. 해변의 아니 바다에서의 일몰은 서두르고 조급하고 미리부터 준비하고 있는 것이 오히려 당연하다고 생각하는 것 같았다.

나는 갑자기 많아진그러나 많았다고 볼 수 없다. 이 넓은 해변을 감안한다면 사람들을 피해 혼자만의 해변을 찾아 나서기로 했다. 아까 리셉션에서 북쪽으로 올라가면 또 다른 한가한 해변이 있다고 들었기 때문이다. 우리는 이미 각자 알아서 해변을 즐기고 있었고 때문에 서로에게 스케줄을 상의할 필요는 없었다.

우선 자전거를 한 대 빌렸다. 아직은 이른 시간이기에 먼저 남쪽으로 달렸다. 버스 터미널을 지나 계속 고급스런 숙소들이 이어지고 왼편으로 꺾어 들어가 시장도 구경했다. 시장에서 싱싱한 해물을 살 수 있다고 들었지만 어디서 파는지는 알 수 없었다.

꼬마 녀석이 무언가를 안고 근심어린 표정으

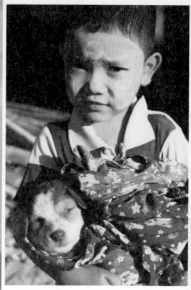

로 서 있길래 다가가보니 강아지를 안고 있었다. 포대기 안의 강아지가 벌벌 떨고 있는 것으로 보아 어딘가 아팠던 것 같다. 어린 친구의 표정으로 보기에는 어려웠던 걱정과 고민이 온 얼굴에 어렸다. 그냥 어깨를 쓰다듬어 주었다ㅁ

미얀마에서는 머리를 쓰다듬는 행위가 무척 실례라고 한다.

　시장을 둘러보다가 어느덧 이곳에 더 이상 있으면 안 됨을 알아차렸다. 게다가 점점 시간이 지나고 있었으므로 어떻게든 다시 북쪽으로 달려 서쪽을 향해야 했다. 벵골의 선셋을 보는 것은 항상 말했지만 조급해도 됐다.

　껄로의 뒷길만큼이나 감상적일 수 있으며 그에 대한 등가적인 보답이 가능한 차웅따의 숨겨진 해변 길을 달렸다. 물론 형식상의 경계를 이루고 있고 그것마저도 아무런 거리낌 없이 미소 지어 보이는 사내가 올려주는 어떤 바리케이드를 넘으면 그때부터 모든 것은 나 혼자 감독이 되어 꾸릴 수 있게 되었다. 싫으면 지나치면 되고 맘에 들지 않는다면 일찍 시야에서 강판시키면 됐다.

　바다로 나가기 전, 잠시 아스팔트로 이루어진 길에는 가을 시즌 통

영 비진도의 외항과 내항을 연결해 주는 언덕길만큼 아무도 없었다. 바람 그리고 숲 모든 것이 그때와 같았다. 바다 쪽으로 자전거를 돌려 내려갔다. 그리고 좀 더 바깥쪽으로 달려 해변을 달렸다. 바퀴가 밀려오는 바닷물의 끝자락에 잠기면서 젖은 모래 위를 쓸며 지나가는 소리는 정말 태어나서 처음 들어보는 소리였다. 고급스러운 초코 케이크 조각이 서서히 잘리는 것 같은 소리처럼 들리기도 했고 물기를 잘 먹은 잔디밭에서 일요일 아침에 마음껏 슬라이딩을 하는 것도 같았다.

한 백인 사내가 고개를 푹 파묻고 해변을 거닐고 있었다. 그는 지금 같은 환희에 찬 순간에 그동안 붙잡지 못했던 혹은 붙잡을 수 없었던 그 무언가를 놓으려하고 있는 듯 했다. 아마 결정을 한다면 이 차웅따 해변은 그에게 인간들이나 할 수 있는 줄 알았던 '조언과 충고'를 해 준 곳이 되겠지.

Kyaiktiyo

해변에는 미얀마 중부에 있는 짜익띠요Kyaiktiyo라는 곳의 유명한 황금바위를 본 딴 작은 짜익띠요가 있었다. 무엇이든 일단 황금의 칭호를 붙이기 좋아하는 미얀마인들답게 역시 이 So little 짜익띠요도 황금색으로 빛나고 있다.

오토바이를 나누어서 타고 온 미얀마의 청춘들은 아주 조용히 해변에서 '놀았다.' '누구와 누구의 사랑' 따위 같은 해변의 고전낙서를 하지 않았고 이유 없이 뛰어다니지도 않았다. 내가 뭐라고 왠지 저들의 사랑을 허락하고 싶었다. 바다에 올 품성들이라면 언제든지 사랑해도 좋다.

아까의 그 사내는 이 지점을 벌써 지나갔는지 저 멀리 아득하게 보인다.

사내는 드디어 고개를 들어 앞으로 당당하게 나아가고 있다.

간간이 현지인들이 지나고 있는 수평선 너머로 해가 졌다.
대지에 잠기는 선셋을 몽유와에서
호수 건너편 산등성이를 넘어가는 선셋은 인레에서
그리고 바다 끝에 떨어지는 선셋을 이 곳 차웅따에서 게다가 혼자서.

나는 이 모든 것을 보았다.

나는 앞으로 남인도쯤에서 마주하게 될 그것을 남겨두고 더 이상 선
셋에 집착하지 않을 것이다.

다시 차웅따 해변으로 돌아왔다.

해변은 갑자기 불어난 사람들로 북적였지만 왠지 모두들 손을 잡고 있는 것 같았다.

오 선생님은 어찌 보면 자전거보다 좀 더 멋진 프로그램인 말을 탔다고 했는데 그 말이 갑자기 미친 듯이 달려대는 통에 무척 고생을 했다고 했다. 말은 정작 달리라는 해변은 달리지 않고 아무런 준비가 되어있지 않는 오 선생을 달고 자기의 마굿간으로 직행해 결국 자신의 밥을 먹었다고 한다. 그 어지간한 녀석을 오 선생은 원망하지 않았다.

저녁은 숙소에 묵고 있던 한국인 처자들과 함께했다.

맥주와 그간 고이 모셔두었던 소주를 가져와 떨리는 마음으로 섞었다.

나까지 다섯 명이 모여 식사를 했는데 나를 제외한 모두가 현역 선생님들이시다.

그 덕에 나는 일선에서 고생하고 계시는 선생님들의 이야기를 제법 들을 수 있었는데, 그 중 가장 충격적인 일은 초등학교 아이들이 벌써부터 패거리를 지어 다니며 어른 행세를 한다는 것이었다. 그 말은 물론 왕따와 폭력까지도 가능하다는 얘기이다. 심지어 담배를 핀다는 여학생이야기도 들었다.

한 여선생님은 남자 고등학교에서 상담 선생님으로 근무하고 계셨는데 요즘은 오히려 고등학생들을 지도하는 것이 더 편하다고 했다. 요즘 한국의 학생들은 초등학교 때에 벌써 세상에 눈을 뜨고 절정의 중학생 기간을 거친 다음 고등학교 때에는 그 폭발할 것 같은 거품이 가라앉나보다. 이러다보면 유치원 일진이 나오는 것을 기대해도 되지 않을까.

체벌에 관한 주제는 의외로 무거워서 양분된 입장이었고 연세가 그 중 많으셨던 신 선생님 쪽이 오히려 체벌에 대해 반대의 입장을 확실히 하셨다. 나는 과도한 체벌은 물론 잘못된 것이지만 제재를 수반한 체벌은물론 그 차이를 극복하는 것이 문제겠지만 이해를 넘어서 찬성하는 입장이다.

여 선생님들 앞이라 해변에서 입기에는 상당히 무리한 스웨터껄로에서 산 스웨터는 예전에 인도여행을 할 때 그렇게 입고 싶었던 인도 육군들의 스웨터였다.를 입고 잔뜩 멋을 부리고 나갔지만 그들의 이어지는 견고한 학교이야기에 완벽하게 끼어들 틈이 없어져 갈 즈음부터 싫증이 나기 시작했다. 술이 돌아가지 않고 맥주만 홀짝이는 그녀들 앞에 있는 내가 싫었고 무료했다. 나와 선생님들은 무리해서 소맥을 들이켰다. 진지한 학교이야기가 돌아가고 있는 와중에 계속해서 멍하게만 있을 수도 없겠다고 판단한 나는 먼저 일어섰다. 가만히 보니 어째서 스웨터를 억지로 입고 왔는지도 모를 정도였다. 내가 일어선 후 바로 자리는 파했다. 취기가 오른 남자 셋이서 무작정 밤거리를 걷다가 돌아왔다. 무언가 허전한 감이 있었지만 그 허전함은 50여 미터만 서쪽으로 가면 나타날 바다가 있었기에 금세 사라졌다. 바다로 뛰어간 우리는 그저 팔짱을 낀 채 바다만 보거나 무작정 뛰어다니거나 괜스레 물에 들어가거나 하는 것으로 그 거품을 가라앉혔다. 수심은 낮았고 달도 낮았다. 물이 찰박하게 들어오는 해변을 뛸 때는 예전의 꽃지의 겨울바다에서 뛰었던 그때의 소리가 들렸다.

시간이 지날수록 좀 더 찰기가 있었던 밤바다의 모래바닥은 조용히 밀려오는 파도소리와 맞물려 오늘의 마지막 소리가 되었다.

조용히 바다 속으로 걸어갔으면.

빗소리가
들렸다.

후두두 거리며 창밖을 맹렬하게 두드리는 소리에 잠을 깼다.

난 처음에 그 소리가 아주 먼 곳에서부터 들려오는 소리라고 생각했다.

손을 더듬어 시계를 찾았다. 두 시 반.

잠시 정신을 차릴 겸 생각을 해 보았다. 돌이켜보면 이 때 이미 난 잠에서 깨려고 했던 것 같다.

지금은 밤.

이곳은 바다.

소리는 비.

그리고 부는 바람.

네 가지가 세상 어느 것보다 드라마틱하게 어울렸다고 생각한 나는 자리를 박차고 밖으로 나왔다. 그리고 문을 열고 발을 바닥에 내딛는 순간 깨달았다. 젖지 않은 바닥은 비가 오는 것이 아니었음을.

소리는 마당의 야자수 나무들로부터 나는 소리였다.

그 촘촘한 가지들이 일제히 물고기 비늘처럼 파르르 떨리며 내는 소리는 흡사 수 만 마리의 새들이 지금 곧 먼 길을 떠나기 위해 동시에 날갯짓을 하는 것처럼도 들렸다.

난 그때 소리라는 것이 장엄하다는 것을 처음 알았고 어쩌면 가루처럼 아주 작은 단위로 이루어진 것일지도 모른다는 생각도 들었다.

마당의 야자수들은 모두 바람에 몸을 맡긴 채 서서히 흔들리며 춤을 추고 있었다.

모두가 잠든 사이 몰래 벌이던 그들만의 축제 그리고 탄생의 파티.

솔직히 말하면 난 그 순간 바닥에 쓰러졌다.

까닭 없는 그리고 슬픔이라고는 말할 수 없는 눈물이 터질 것 같았기 때문이다.

한 방울 정도 나온 눈물을 훔쳐내고 바다로 나갔다. 뛰어나갔던 것 같다.

모든 선을 극도로 절제시켜 단 하나의 선으로 마감한 바다의 끝.

마치 친구의 장례식장에 들어설 때처럼 여러 가지 감정들이 한꺼번에 몰려왔다.

살육이 난무하는 전쟁터에서나 느낄 수 있는 그 무언의 판타지.

오르가즘 아니 그것을 넘어선 진정한 카타르시스를 느낀 것 같았다.

밤, 바다, 바람 그리고 비는

밤, 바다, 바람 그리고 당연히 그와 견줄만한 별로 바뀌었다.

내가 볼 때 세종대왕은 한글 창제시 'ㅂ'에 가장 주안점을 두셨을 것이다.

'ㅂ'은 마치 역사상 비견할 수 없는 죽음의 조처럼 우열을 가리기 어려운 모든 멋진 것들이 한꺼번에 몰려있는 조이다.

밤, 바다, 비, 별, 바람 그리고 봄과 비밀.

멀리 고기잡이 어선의 불빛이 너 댓개 보이고 하늘엔 당연하게 별들이 올라있었다.

나는 결심했다.

세상의 어떤 가치보다 나의 진정한 가치는 '여행' 이라고.

그래서 나는 이제까지의 여행을 모두 정리하고 좀 더 진정한 여행자가 되기로 말이다.

나는 이 차웅따 해변에서 다시 태어났다.

그리고 이때 나의 곁에서 있던 모든 것들을 반드시 끝까지 기억할 것이다.

*

계란 프라이가미얀마에서는 Sunny side up 스타일을 간단하게 프라이 데이라고 부른다. 올려 진 단순한 볶음밥을 먹고 투어를 떠났다.

바다를 보며 먹는 식사는 맛에 좌우되지 않았다.

'용감한 승리자' 라는 뜻의 인도계 얼굴을 한 에나이는 오토바이 세대에 우리를 태워 투어가 출발하는 강가로 갔다. 내가 어제 자전거로 더 가려다가 길이 좋지 않아 돌아섰던 곳이다. 그 길을 넘었더라면 선

셋을 놓쳤거나 이쪽 바다를 더 볼 수 있었던 셈이다. 그 정도로 이쪽에서 바라보는 바다는 바다라는 타이틀에 그런 수식어가 붙어도 되는지 모르지만 참했고 또 귀여웠다.

차웅따에서 싱싱한 게나 바다가재를 구입해 먹을 수 있다는 말은 사실이었다. 다소 허름해 보이는 집으로 안내되니 그곳이 수족관이었고 그곳에서 아주 저렴하지는 않았지만 분명히 한국보다 호사를 누릴만한 가격으로 바다가재들을 팔고 있었다. 킬로당 6,000짯. 게는 조금 더 쌌던 것 같다.

예나이가 준비해 온 낚싯대 두 개를 들고 배를 탔다.

배를 운전하는 아에잇 그리고 가이드인 조수아가 우리를 반겼다.

묵묵하고 굳게 입술을 다물고 배를 운전하던 무표정의 아에잇은 그러나 말을 할 줄 모르며 귀로 듣지도 못한다고 한다. 하지만 노래는 부를 수 있다며 조수아는 웃으면서 아에잇의 등짝을 쳤다. 물론 친구들 간의 우정 어린 동작이었다.

5미터 길이의 목선이 요란한 모터소리와 함께 해변을 떠났다.

인레 호수 때처럼 지정된 자리와 의자가 있는 것이 아니라서 적당한 나무판자 위에 앉아있으면 그것으로 그만이었다. 인레 투어때의 그 일렬로 나란히 앉아서 가는 배는 사실 조금 멍청한 형식의 투어였던 것 같기도 하다.

　멀리 차웅따마을 반대편으로 다른 마을들이 보이고 맹그로브 나무 숲이 군락을 이루고 있는 섬 사이를 지나는 기분은 정말 이국적이었다. 맹그로브나무는 식물 중에서 아주 독특한 나무로 아직까지 보고된 바로는 거의 유일하게 새끼나무가 바닷물에 떨어져 자체 번식하는 이른바 태생종이라고 한다. 남태평양의 피지에 그토록 가보고 싶어 하는 후배가 있는데 아마 이곳에서 피지의 10%정도는 볼 수도 있을 것 같았다. 조수아는 맹그로브숲의 면적이 빠르게 줄어드는 것에 대해서 크게 상심하고 있는 것 같았다. 팔을 크게 돌려 자신이 어릴 적에 숲이 있던 곳까지 가리켜주었는데 지금보다 배는 더 넓었다. 최근 20년간 전 세계적으로 맹그로브 숲이 20%나 줄어들었다는 보고가 있다. 인간들은 무엇이 그리 급하고 어떤 것이 필요하며 언제까지 자기 멋대로 지구를 이용할까.

섬을 끼고 왼쪽으로 빠져나가야 하는 시점에서 배가 바닥에 걸려버렸다.

아에잇이 계속해서 노를 저으며 얼마동안 노력을 해왔던 것을 우리는 알아채지 못하고 있었다. 주변의 섬과 하늘 그리고 나무숲에서 눈을 떼지 못하고 그 시간만큼은 아무런 기억을 할 수 없을 정도로 취해 있었기 때문이다. 조수아는 아무래도 안 되겠다며 배에서 내려 같이 밀어줄 것을 부탁했다.

돈을 내고 참가한 우리들보고 이 무거운 배를 밀어달라고?

이런 부탁이라면 언제든지. 걱정하지 말라구.

우리는 앞 다투어 뛰어 내렸다.

물이 무릎 정도까지만 차 있을 정도로 얕아서 무거운 목선이 전진하지 못할 수밖에 없었다.

우리는 모두 배를 당기고 밀었다.

으쌰와 영차가 오가고 조수아역시 미얀마말로 강한 기합을 넣었다. 아에잇마저 얼굴에 잔뜩 힘이 들어갔다. 아스팔트길에서 차를 미는 것과 바다 속에서 배를 미는 것은 근본이 달랐고 사실이 달랐으며 초점이 틀린 것이었다.

다소간의 씨름 후 드디어 배가 모랫바닥을 벗어나 미끄러져 나왔다. 커다란 고래를 바다로 돌려보내는 것이 아마 이럴 것이었다.

사막산에서 보드를 타고 내려오는 것과 비슷한 그 부드러운 미끄러짐.

배는 다시 큰 섬으로 향했다.

파도가 생각보다 높이 쳐 왔지만 고작 이 목선을 타고 이미 뱃사람이 되었노라고 생각하는 것 같은 멍청한 착각에 빠진 남자 세 명에게 두려울 것은 없었다.

적당한 포인트를 찾은 조수아는 철근 덩어리를 바다에 던져 배를 고정시켰다. 섬에 당도하기 전의 마지막 몸짓인지 파도의 에너지는 요동을 쳤다. 단단히 균형을 잡고 신 선생님이 먼저 낚싯대를 던졌다. 그리고 정말 30초도 안되어 신호가 왔다. 갑자기 팽팽하게 당겨진 줄은 조수아가 달려가고 오 선생님이 합세하여 겨우 끌어올려졌다.

갑자기 배위에서 요란한 함성소리가 났다. 복.

이렇게 큰 복어를 진정 지금 잡은 것입니까.

우리는 거의 뛸 듯이 기뻐했다. 그저 생선 한 마리 앞에 나이 따위는 없었다.

나는 배의 고물에 앉아 선생님들이 낚시하는 모습을 지켜보았다. 이 멋지고 환상적인 시간에 멀미가 나기 시작했기 때문이다. 정말이지 멀미를 하지 않는 편인데 내 기억으로는 배를 타고 멀미를 해 본적은 없다. 작은 배가 파도를 감당하기가 어려웠는지 엄청나게 흔들려대는 통에 내 뇌도 덩달아 흔들려버렸다. 물론 바보 같았다.

얼마 후 이번엔 오 선생님이 괜찮은 수준의 물고기를 낚았다.

신 선생님의 낚시 바늘은 이미 또 다른 거대한 놈이 통째로 먹이를

삼켜 사라진 탓에 구부러진 부분이 떨어져 나갔다. 30분이 넘는 시간 동안 우리가 잡은 물고기는 다섯 마리. 부러진 바늘에서 빠져나간 녀석들만 다섯 마리 정도 됐고 역시 어린 녀석들은 도로 바다에 보내졌다. 나 역시 멀미가 잦아진 후에 참여한 낚시에서 빨간색 물고기 한 마리를 겨우 낚을 수 있었다. 아무런 기술이 없는 초보자들과 원시적인 수준의 낚싯대를 감안한다면 이 포인트는 정말 최고라고 생각한다.

파도가 심해지는 것 같아 섬으로 향했다.

가이드라는 직업은 놀고먹는 직업이 아니다. 우선적으로 책임감이 있어야하며 상황을 읽을 줄 아는 직관을 갖추고도 있어야 한다. 조수아역시 무척이나 낚시질을 재미있어했지만 파도의 상황을 보더니 이곳을 나가야겠다며 선수를 돌렸다.

우리가 도착한 섬은 차웅따 해변에서 유명한 화이트 비치는 아니었다. 우리는 어제부터 그곳에는 가고 싶어 하지 않았다.

사람이 살지 않는 무인도.

우리가 진정 원했던 코스였다.

배를 댈 만한 부두가 따로 있는 것이 아니었기에 배를 멀찌감치 대고 물을 헤쳐 섬으로 들어갔다.

섬을 걸었다.

자잘한 바위들을 지나 모래사장을 걸으면서 무구의 섬을 느꼈다.

옆으로는 이름을 알 수 없는 아니, 이름이 보고되지 않았을 나무들이 빽빽하게 늘어서 있었다. 조수아의 말로는 이곳에는 개와 고양이 그리고 사슴과 원숭이들이 산다고 한다.

밤마다 펼쳐질 그 네 개체들의 뜨거운 암투와 전쟁을 생각하면 그 자체로써 공포영화였다.

우리는 그들 중 누가 가장 윗선에 서며 최후까지 남을 것인가에 대해서 열띤 토론을 했다. 이 넓고도 아무도 없는 무인도의 바닷가에서 남자들끼리 쭈그리고 앉아 펼치기에 썩 어울리는 주제는 아니었다.

막판에 고양이와 원숭이가 결승전에 올랐다.

사슴은 싸움을 포기한 채 섬 귀퉁이에서 야망 없는 삶을 일찌감치 자초할 것이라는 결론이었고 개는 너무 설치고 방어를 위해 잘 짖어댄다는 것 이외에는 내세울 것이 없어 오히려 사슴보다 일찍 탈락했다. 사람이 없는 상태에서 개들은 의외로 장점이 없고 하찮다.

개별 활동에 능하고 많은 먹이를 필요로 하지 않으며, 빠르기까지 하며 나무를 탈 수도 있고 해변가에 쓸려온 죽은 생선까지 먹을 수 있는 고양이가 무엇이든 먹을 수는 있되 장점이라고는 전혀 찾아 볼 수는 없지만 조직력이라는 집단 플레이에 유리한 원숭이에게 아깝게 패퇴했다. 개체 수에서 밀리는 것은 어떤 장점을 가지고 있다 해도 상대가 되지 않았다.

동물들에 대한 이야기가 끝나고 이제는 사람들의 이야기가 오갔다.

신 선생님이 뒤늦게 찾아 온 떨림을 고백했고,

오 선생님이 얼마 전에 있었던 개인사로 이었다. 나는 그저 듣고만 있었다.

조수아는 자신을 떠나간 사랑했다는 한국인 여성을 잊지 못하고 있었다.

며칠 동안 차웅따에서 행복하게 지냈는데 떠났다는 것이다.

아마 조수아와 그녀가 이해하는 사랑이 달랐겠지.

그녀는 그저 이 잘생기고 믿음직한 조수아와 투어를 하며 단순히 즐거운 시간을 보냈을 뿐인데 조수아가 먼저 감정적으로 내 달렸을 수도 있다. 물론 그 반대상황도 가능하지만.

멋대로 재단하고 규정하며 자신의 사랑만 옳다고는 할 수 없는 법이야. 조수아.

그리고 사랑은,

없어.

신 선생님은 갑자기 일어나시더니 모든 것을 기꺼이 내 던지고 전라의 몸으로 바다에 몸을 던지셨다.

"나는 자유인이다"라고 외치시는 철지난 멘트는 지금 이 상황에서 가능한 가장 최고이며 유일한 명대사일 것이다. 나는 그 고귀한 장면을 오롯이 정면 샷으로 기록해 두어 물론 그 자리에서 찢어버리지만 않으신다면 귀국 후 사모님께 전해드리기로 했다.

수영을 전공했다는 오 선생님은 스노클링을 했는데 별다른 감흥이 없어 보였다. 역시 돈을 내고 렌트한 유아적인 수준의 장비로는 가당치도 않은 프로그램이었다.

섬 주변을 좀 더 걷고 아에잇이 기다리고 있는 해변으로 나왔다. 나는 줄곧 이 섬의 마지막 사람이 되고 싶어서 가장 늦게 그리고 천천히 걸어 나왔다.

멀리 있는 아에잇을 불러보았지만 당연히 듣지를 못하는 아에잇은 앞 만 바라보고 있었다. 조수아가 롱지를 걷어 배로 향한 후 아에잇을 일깨우고 우리도 배에 올라탔다. 아에잇은 그동안 열심히 무언가를 잡았는지 한 손에 든 비닐봉지가 묵직했다. 우리는 잔뜩 타 버린 얼굴들을 하고 다시 차웅따로 돌아왔다.

조수아 그리고 해변에서 우리를 기다리고 있던 예나이까지 합세해 생선을 먹으러 갔다. 물론 우리가 잡은 것들이다. 예나이가 적당한 식당을 물색하고 주방에 부탁한 다음 맥주를 마시며 기다렸다. 물론 음식 값과 수고비는 얘기해 두었다. 옆 테이블에는 젊은 미얀마 부부가 조용히 앉아 식사를 하고 있었는데 남편이 거의 안절부절 못하며 아내를 마치 여왕처럼 받들고 있었다. 여자는 일본인. 남자가 이곳에 놀러 온 일본 여성과 사랑에 빠져 결혼했다고 조수아가 귓속말로 얘기했다.

남자가 여자에게 프러포즈를 할 때 일본여자는 이런 말을 했다고 한다.

"나와 결혼할거면 평생 나만 사랑해 줘"

참 간단하게 사는구면.

30여 분이 지나도 음식은 나오지 않았
다. 이야기를 하니 그제야 알았다며 부
리나케 주방으로 달려간다.

주방에 던져진 생선들을 보며 그들은
지금까지 무슨 생각을 했을까.

복어가 빠진 생선이 나왔다. 아까와
같이 열띤 토론 끝에 복어는 이미 먹지
않기로 했기에 이번 구성에서는 빠졌다.
내가 가열차게 반대표를 던져왔다. 나는
나뿐만이 아니라 선생님들 모두 드시지
말라고 거의 애원했다. 조수아역시 복어
에 대해 위험한 생선이라며 말리는 눈치
였고 결국 복어는 그에게 돌아갔다.

우리가 직접 잡은 생선이 아주 바삭하게 튀겨져 나왔다.

5초 정도 이걸 먹어도 될까하는 심정적인 갈등이 있었지만 어디까
지나 5초였다. 직접 잡아먹고 있는 대상이 기가 막히게도 기르던 개가
아닐진대 너무 감상에 빠지는 것도 웃기는 일이었다.

다섯 명이서 먹기에는 턱 없이 부족한 양이었지만 조수아가 남다르게 머리통만 고집하는 바람에 그리고 예나이는 생선을 먹지 않았기 때문에 그런대로 요기는 됐다.

어젯밤 술을 마시고 아직 해장을 안 한 터라 나와 선생님들은 오로지 라면만을 원했다. 점심시간을 넘긴지 꽤 오래됐지만 머릿속에 자리 잡은 이상 그것을 먹어야 했다.

역시 바다가 보이는 테라스에 앉아 즐길 수도 있었지만 식당에 양해를 구함과 동시에 주방 사용료를 내고 라면을 준비했다. 그간 고이 모셔둔 마지막 라면들이 하나씩 가방에서 나왔고 주방에는 내가 들어갔다.

제발 그리고 젠장, 이 주방이 우리가 어제부터 먹었던 음식들이 나온 곳이 아니라고 해다오.

국수에 달라붙어 있는 파리떼는 만일 태초에 지구에 파리집이 있다고 한다면 바로 그곳이라고 불리어야 했다. 새까맣게 마치 바가지처럼 덮여 있는 국수다발은 파리들이 나로 인해 날아오를 때까지 그것이 무엇인지 가늠하기 어려웠다. 아무렇게나 쌓여있는 설거지 전의 그릇들, 다듬다가 만 채소들 그리고 지저분한 도마및 식기들. 게다가 구석엔 탁한 물을 받아놓은 녹슨 드럼통이 있었다. 그나마 직원이 하얀색의 고급스러운 대접들을 가져오지 않았다면 난 이곳을 탈출해 선생님들

에게 이 사실을 이실직고 할 참이었을 것이다.

식사를 마치고 각자 휴식을 취했다.

무인도에서 했던 수영으로 약간 피곤했었기 때문에 나는 해변과 아주 잘 맞는 구성인 낮잠을 택했다. 난 잠시의 꿈속에서 앞뒤가 불투명한 기찻길에 서 있었던 것 같다.

잠을 자고 일어난 시각은 저녁시간. 그동안 모든 것들은 알아서 굴러갔다.

해가 진 해변의 바에는 조수아가 있었다. 무인도에서 사촌동생에게 판다며 엄청나게 많은 수의 나무 열매를 주웠던 조수아는 그것을 판돈으로 럼을 마시고 있었다. 아까의 순진했던 커다란 눈은 많이 탁해졌고 바다를 바라보던 모습은 어두워도 보였다. 난 무슨 권리로 그에게 그만 마시라고 했을까.

저녁 늦게 다시 만난 우리는 어느덧 어제 여선생들이 극찬을 아끼지 않던 식당으로 향하고 있었다. 숙소에서 한참을 걸어 오전에 배를 탔던 길로 접어들면 나오는 식당이다. 소문이 아직 퍼지지 않았는지 아님 어제의 처자들이 후한 평가를 주었는지는 모르겠지만 우리 말고는 사람도 없었다. 우선 추천 들은 대로 게 볶음 두 접시와 문어요리를 시켰다. 주인장에게 맥주와 위스키를 주문했지만 계속해서 알아듣지를 못했다. 연거푸 맥주만 가져다주는 그에게 위스키를 설명하는 것은 생각보다 어려웠다. 결국 술을 마시고 완전히 취한 연기를 선보인 끝에 대망의 위스키를 받아낼 수 있었다. 나의 마임은 이제 이런 것까지 할 수 있다. 썩 맛있었다고는 할 수 없는 음식이었다. 결정적으로 문어는 문어가 아니었다. 왠지 남자들보다는 여성들이 좋아할 만한 달착지근한 맛이었다. 작은 위스키는 한 병 그리고 두 병에 네 병까지 이어졌다. 여행을 거의 마감하는 시점에서 복기가 이루어졌고 추억이 보태어졌다. 선생님들은 인레호수에 많은 점수를 주었고 난 마지막에 껄로에게 손을 들었다. 이제까지 다닌 그 사랑스러운 모든 미얀마의 여행지들은 모두 상위급 이었으며 사람들은 최상위급이었다.

바간은 그 수많은 파고다들을 거느리면서도 온유했으며
만달레이는 그 엄청난 무게감에도 노련한 주관이 있었고
몽유와는 구석에서 수줍은 듯 웃었다.
띠보는 단정함과 동시에 유쾌했고
껄로는 사색적이고 착했으며
빤따야는 그저 꿈을 꾸었다고 밖에는……
인레는 끝없이 담백하고 더없이 맑았다.
그리고 차웅따는 섹시했다.

나는 내일 양곤으로 떠나고 선생님들은 복잡한 양곤을 피해 이곳을 좀 더 즐기다 간다고 했다. 한국에서는 구정을 앞둔 시기라 그나마 많지 않은 양곤의 숙소를 난 인레에서부터 예약을 해 버렸다. 선생님들도 차웅따로 들어오자마자 나의 엄살에 미리 예약을 한 것은 마찬가지. 우리는 하루 차이로 또 양곤의 같은 숙소에서 보게 될 것이다.

맥주까지 추가 된 술자리는 많은 상점들이 철시 준비를 하고 가로등의 촉수가 어두워진 마지막까지 이어졌다. 확실히 늦은 시간이 되었지만 가뜩이나 위험한 구석이라고는 없는 차웅따에서 그 부분은 애초부터 신경 쓰이지 않았다. 우리는 바닷바람을 맞으며 돌아가기 위해 길

모퉁이에서 기다리고 있던 사이카 기사들의 사이카를 타고 돌아가는
방법으로 마무리 했다.

어두운 밤거리를 사이카에 기분 좋게 기대서 돌아왔다.
나는 노래도 불렀다. 어떤 날의 '출발'
너무 흔한 말이지만 또 너무 어려운 말이 되어 버리기도 한 행복.
우린 그것을 느낀 것 같았다.
이에 대한 감사는 물론 미얀마에게 온전히 돌아가야 한다.

나는 미얀마에서 확실히 '정화' 되었다.

*

열 시에 출발한 버스는
들어올 때보다 시간이 더 걸렸다.

아무리보아도 차웅따는 지금의 수준에서 크게 변할 것 같지 않다.
접근성이 너무 떨어지고 차웅따 이외에도 조금 큰 해변이라는 웅웨싸
웅Unwesaung이나 좀 더 고급버전인 웅아빨리 같은 해변들이 위 아래로
있기에 굳이 차웅따에 투자할 일은 없을 것 같다.

버스 기사는 중간에 떡집과 과자가게에 들러 지역 토산품을 소개하
는 농촌 청년 지도자의 모습으로 돌아가곤 했고 개인적인 물건을 사러
대나무 공예집을 들어가기도 했다. 그는 결국 커다란 대나무 자리를

사왔다.

깐도지Kandawgyi 호수 근처에 선던 버스는 조금 먼 근처에 섰다.

무려 일곱 시간 반이나 걸렸다.

앞자리에 앉아 살갑게 서로를 챙기고 얼굴과 머리를 쓰다듬으며 사랑을 나누던 커플은 내릴 때 보니 여자커플이었다. 미얀마가 조금씩 변하고 있다는 반증이 될까? 그나저나 어째서 항상 한 쪽은 저렇게 껄렁한 모양새인지 약간은 궁금하다. 톰보이풍의 여자는 심지어 자신의 사랑스러운 파트너에게 자신의 무거운 짐을 들도록 지시하기도 했다.

택시를 타고 다시 레인보우 호텔로 들어섰다. 벌써 저녁시간이 되었다.

레인보우의 많은 스텝들 중에 가장 활기에 넘치고, 뛰어다니며 경비를 보는 친구는 처음에는 얼굴이 검게 탄 나를 알아보지 못했다. 워낙 많은 한국인들이 오가고 있기에 당연한 일이었다. 친구는 고향이 몰라마잉이라 저번에 묵을 때부터 몰라마잉으로 부르곤 했었다. 이번에도 그렇게 부르니 이제 나를 기억하는 모양이다. 이름을 부르면 당연히 더 좋았겠지만 몰라마잉은 그와 나의 연결단어였다.

이제 마지막 지점 양곤이다.

1755년 버마족의 마지막 왕조인 꽁바웅 왕조가 몇 백 년 동안 대립각을 세우며 미얀마 본토를 두고 끊임없이 적통노릇을 자처하며 지냈던 몬족을 물리치고 세운 도시. 그래서 양곤의 옛 이름인 랭군에는 '전

쟁의 끝' 이라는 뜻이 있고 또 랭군의 원래 이름은 '다공' 이라고 한다. 그래서 그 유명한 쉐다공은 몬족의 역사적 유물이라고 인정되는 분위기이다. 마치 인도 델리의 꾸드브 미나르나 아그라의 타지마할이 이슬람의 산물인 것처럼.

버마족의 중심인 도시지만 몬족의 옛 도시.

많은 것이 드러나지 않았고 밝혀지지 않은 미얀마의 중심, 양곤

아직 특별한 계획을 세워놓은 것은 아니지만, 나는 심장에 가깝게 다다른 것 같다.

양곤
쉐다공의 심장

모든 것이 다 빠져나갔다.

기억도 기록도 추억도

그리고 가슴에 새긴 모든 것이.

난 미얀마에서 내 삶의

어느 중요한 지점을

확실히 지나간 것 같다.

아마 생각하는 것보다 더 일찍
없어질지도 모른다는 이야기가 들렸다.

양곤의 순환열차.

양곤 시내의 38개 역을 도는 이른바 빈티지 기차.

기차 혹은 열차가 순환이라는 코드와 더해졌을 때의 그 노스탤지어는 잃어버릴지도 모른다는 미묘한 '불안감'으로까지 전이되었다. 고작 기차였지만 양곤에서 꼭 볼 것들 중에 계속해서 리스트에서 벗어나지 않는 프로그램이었다.

출발하는 시간은 한 시.

아침부터 그 시간까지는 당연히 양곤 여행의 가장 우선 순위였던 국립박물관 방문이었다.

원래는 쉐다공 근처까지 버스를 타고 걸어서 찾아가려고 했으나 고작 숙소에서 한 정거장 지나 내린 셈이 된 곳에서부터 걸어가야 했다. 아침시간의 낡은 양곤 버스는 그 상황을 미리 준비하지 못한 사람들에게는 분명 쇼크에 가까웠다. 버스 안에서 몸은커녕 고개를 돌리지도 못할뿐더러 같은 높이쯤에서 떠다니는 얼굴들을 제외하고는 아무것도 볼 수가 없었다. 옆에 서 있던 플라스틱 파일을 가지고 있던 사내에게 급기야 눈두덩을 모서리로 한 대 맞고는 항복. 마찬가지로 당황한 얼굴을 한 그 역시 나에게 사과할 겨를도 없어보였다. 버스안의 그 짧은 시간은 1분 정도 되었다. 모든 것이 이제껏 미얀마의 여행 때보다도 강렬했다. 무의식속에는 어쩌면 이런 것을 기대했을는지도 몰랐다.

쉐다공 파고다의 남문을 지나 인민공원을 옆으로 끼고 최소한 지도상 서남쪽 방향으로 가고있었다. 쉐다공의 위엄은 평범한 사람들이 무어라 토를 달만한 모습이 아니었다. 수 만년동안 그 자리를 지키고 있는 거대한 황금의 탑. 황금으로 자라고 있는 나무처럼도 보였다.
그 자체로써 쉐다공은 신이다.

발음하기 어렵고 그리고 길에서 만나는 몇몇의 사람들 역시 발음을 다르게 하는 길 이름은 가뜩이나 뮤지엄이라는 영어단어를 모르는 사람들과 그 단어를 미얀마어로 최소한 써 오지도 않은 내 무책임과 합쳐져 한참을 길에서 배회하게 했다.
당연히 친절한 사람들의 도움으로 그나마 최종 목적지까지의 구간을 줄여갔고 버스에서 내려 걷기 시작한지 딱 한 시간 만에 도착한 곳은 난데없이 미얀마 국립극장. 국립극장에서 아침시간에 하는 프로그램은 그 날이 국가적인 기념일이 아니고서야 없는 것이 맞다. 다시 발길을 돌려 박물관에 도착. 역시 조금 더 걸었다. 나는 이런 곳에 들어서면 이제 막 다른 나라에 도착한 것처럼 흥분되고 떨리며 자연스럽게 미소 지어지고 유쾌하게 당황스럽다. 난 진정으로 박물관에서 살고 싶은 사람이다.

이곳 역시 바간과 마찬가지로 당연히 카메라를 들고 들어갈 수는 없었다.

세계 4대 박물관인 루브르와 대영박물관, 뉴욕의 메트로폴리탄과 바티칸 박물관 모두 사진 찍는 것을 허용한다.바티칸 박물관의 경우 몇 년 전부터 사진금지 해제 정책을 발표했다. 그리고 델리의 국립박물관과 내 인생 최고의 박물관인 멕시코의 인류사박물관까지 사진 찍는 것이 가능한데 어째서 이곳에서는 허용되지 않는지 내 짧은 소견으로는 도저히 이해되지 않는다. 누차 이야기하지만 박물관의 전시가 많은 사람들에게 유물을 소개하는 것이 목적이라면 널리 소개하는 방법은 지금 시대에 사진에 의한 전파가 가장 최우선이라고 생각한다유물의 안전한 보관과 보존이 목적이라면 특별전만 하던지. 플래시 금지는 작품손상 문제로 이해하고 얼마든지 뒤로 빠질 용의가 있다.

가방을 보관함에 보관하고 어느 곳보다 검색이 허술한 박물관엘 들어갔다. 가방 검색은 정작 가방 보관함에서 절정을 이루었다.

한국의 가이드북에는 별 볼 것이 없다며 심지어 안타깝다는 표현까지 썼지만 한 나라의 국립박물관에 대한 기대를 안 할 수는 없었다. 난 언제나 그렇듯 심호흡을 한 번 하고 왼편으로 시작되는 전시실로 발을 옮겼다.

결론부터 말하자면 그렇다.

수많은 침략과 내전 그리고 식민지로 점철된 미얀마의 역사를 감안하면 이 정도의 컬렉션으로 박물관을 꾸린 것만으로 대단한 업적이다. 한 나라의 기강을 세우기 위해 모든 역사가 집대성되어 있는 박물관이라는 상징은 사실 다른 어느 행정보다 중요한 것이다. 조금 다른 얘기지만 13,000여점이 넘는 방대한 컬렉션을 상설 전시하는 한국의 국립박물관과 경주의 박물관을 가보면 대한민국의 유물도 어느 나라 못지않게 훌륭한데 우리나라에서 유출된 유물들이 다른 나라의 어두운 박물관 구석에서 천대를 받고 있는 모습을 보면 몹시도 억울한 감정이든다. 문화재청 국립문화재연구소에 따르면 현재까지 전 세계 20여 개국 412곳의 박물관, 미술관, 도서관과 개인별로 소장하고 있는 한국문화재는 총 이십만 점에 이른다고 한다. 유출된 유물이 이십만 점이라니, 우리는 대한민국의 국민으로 태어난 이후부터 죽을 때까지 그 수많은 걸작들을 모르고 사는 것이라는 이야기다. 제발, 다시 나라를 바로 세우기 위해서라도 이 일부터 해야 한다.

몽유도원도를 정말이지 내 눈 앞에서 보고 싶다.

1층은 고유 미얀마어와 미얀마 숫자의 체계적인 흐름과 고대의 역사를 기록한 전시실이다. 글자에 관한 것이라면 미얀마 유명 인사들의 것처럼 보이던 필체까지 고스란히 보관하고 있다. 수많은 나라에서 그 나라만의 고유한 글자를 이어오고 있지만 미얀마가 수많은 소수민족들의 글자들이 가지고 있던 글자체를 모두 조금씩 변형된 형태의 모양에서 규합하여 오늘날에 이르렀다는 점을 감안한다면 큰 변형 없이 한글로 단결되어 이루어진 대한민국은 역시 단일민족이라는 결론이 나온다. 그 이야기는 전쟁이나 침략 같은 역사의 주요한 부분을 차지하는 부분에서 상당히 깨끗하다는 이야기이다. 이를테면 대한민국은 전과가 없는 민족이다.

어딘지 장중하고 무게감이 들어 보이는 나무문을 열고 들어갔다.

문의 무게가 무겁고 재질이 고급스러웠던 것을 알았을 때는 이미 난 미얀마의 보물 앞에 서 있었다.

그 조용한 방 한 가운데에 예전의 찬란한 영광으로 스스로 빛나고 있던, 역대로 이어진 미얀마 왕들의 옥좌인 황금의 Royal Lion Throne. 황금색과 더 없이 어울릴지도 모르는 빨간색으로 조성된 카페트며 천장의 인테리어는 옥좌를 뒷받침하는데 기꺼이 배경으로 빠져 주었다. 옥좌의 주위로는 Lotus연꽃, Conchshell소라고둥, Deer사슴, Peacock공작새, Elephant코끼리, Bumble Bee호박벌, Great Lion왕사자, Hamsa네 잎 클로버등 작은 옥좌들이 각각 왕좌를 보위하는 여덟 개의 미니어처로 충실하게 보좌하고 있었다. 미얀마에서 8이라는 숫자는 예전에 일주일을 8일로 계산한데서 기인한다고 하며 하루가 남는 일수는 수요일을 오전과 오후로 나누고 이는 아직까지 민간 신앙과 현실 속에 여전히 남아있다고 한다. 일례로 웬만한 미얀마 아파트의 층간 계단 수는 8.

1층에는 이 외에도 쟁반이나 장식장등 과거에 왕가에서 쓰이던 물건들과 14세기에 만들어진 여인상처럼 당시의 미얀마인들의 과거를 더듬어 볼 수 있는 여러 유물이 전시되어 있다.

계속되는 4층까지의 박물관 내부는 세대별로 그리고 재질별로 분류된 불상들이 빼곡하게 위치하고 있고 민속물들과 미얀마 현대 화가들의 작품들도 전시되어 있다. 특히 3층에 전시되어 있는 미얀마의 악기들을 보고 있노라면 어째서 미얀마 음악이 강하며 사람들이 음악을 그토록 좋아하는지 알 수 있을 증거였다. 의도적으로 화려하고 예술적인 의미에서 마치 커다란 지네같이 보이기도 했으며 그 자체로 하나의 작은 건축물처럼 보이기도 했던 미얀마 실로폰을 전시해 놓은 미얀마의 악기 홀은 이 박물관에서 옥좌와 부처 홀과 함께 3대 포인트라 칭할 만했다.

4층은 미얀마 현대 화가들의 작품이 주를 이루고 있다. 군부의 강압으로 예술가들이 자신들의 창작을 규제당해 왔기에 작품은 주로 자연과 유명 파고다에 국한되어 있었다. 여행을 마치다보니 미얀마처럼 밴드음악이 전 나라를 통해 일반화 되어있고 어느 누구나 기타를 잡으며, 그림에 관해 주도적이고 진지하게 임하는 나라를 찾는 것은 쉽지 않을 것이다. 만약 미얀마가 군부의 제약 없이 마음껏 창작이 가능한 분위기의 삶을 살았다면 세계의 유수한 예술관련 상들은 상당부분 미얀마가 가져갔을 것이라고 확신한다. 단편적인 이야기지만 몽유와에서는 트럭의 바닥에 들어가 차를 고치던 사람이 미스터 빅의 음악을 듣고 있었고 껄로의 러펫에 식당에서는 아침부터 많은 사람들이 한참철이 지난 실황이긴 하지만 메탈리카와 스콜피언스의 공연 비디오를 보곤 했다. 만달레이에서는 중고서점이 심지어 사원 안에도 펼쳐지는 곳이 있었으며 삔따야로 들어가는 픽업정류장에서는 양쪽 어깨에 음식을 지고 가던 허름한 행상이 잠시 쉬면서 책을 꺼내 보았다. 그런 점들은 군부가 티브이의 채널을 장악하여 국민들이 볼 것이 없어서 그렇게 되었다는 얘기는 그다지 설득력이 없어 보인다. 미얀마인들은 볼 것 없는 채널에 대한 저항보다도 그 자체로써 예술에 대한 기본적인 소양이 있는 사람들이다.

우리는 무엇을 듣고 어떤 것을 보며 어디서 책을 보는가.

미얀마 국립박물관에 대한 방문여부를 묻는다면, 적어도 가이드북에 쓰여 있는 부정적인 추천은 옳지 않다고 말하고 싶다. 그리고 나라면, 무조건 간다.

이제 순환열차를 타러갈 시간이다. 양곤 중앙역으로 가기 위해선 버스를 타야했다.

박물관을 지키던 사내가 43번 버스를 타라며 일러주었지만 정작 그 숫자를 읽을 수는 없었다. 미얀마는 세계에서 아주 드문, 자국의 숫자를 쓰는 국가이다.

인류의 위대한 업적은 숫자를 아라비아 숫자로 통일함에 있지 않을까.

중앙역. 순환선을 찾지 못하고 있던 나를 한 사내가 이끌고 꽤 먼 거리의 매표소까지 안내했다. 역시 인상이 좋지 않은 사내였지만 미안마에서 얼굴의 생김새와 마음씨는 반비례했으며 아예 그것을 논하는 것 자체가 어색하고 이상한 일이었다. 역시 여권을 내고 표를 받았다. 사내는 자신과 상관없는 꽤 먼 거리까지 왔음에도 다시 돌아가는 길을 택했다.

기차와 주변시설을 아직도 군사시설로 간주하는 경향이 있어 카메라는 몇 컷만 찍고 관두었다.

외국인 요금인 1불을 내고 탑승 그리고 출발.

내 어설프고 설익은 철학의 거대한 화두. 순환.

돌아올 것인가 혹은 그냥 갈 것인가 아니면 그곳이 곧 거기인가.

만일 돌아온다면 그것을 있는 그대로 받아드릴 것인가 어쩌면 받아들이기 위해 돌아올 것인가 하는 문제들을 생각조차 할 수 없는 풍경들이 곧바로 친절하게 펼쳐진다.

쓰레기들이 온 시야에 가득했다. 미래에서 온 쓰레기의 무덤이라고 해도 좋을 것 같았다.

양곤에 처음 들어왔을 때 보았던 깔끔했던 거리는 그곳에서 거두어들인 모든 쓰레기들을 이곳에다 퍼 부은 덕택에 그렇게 빛났었나보다. 쓰레기의 방치 수준을 보자면 인도 못지않았다.

아주 느린 속도로 운행하는 탓에 그 쓰레기들은 나의 눈높이와 아주 잘 맞았고 시야에 오래 머무를 수밖에 없었다. 바깥의 풍경이란 제로. 그저 순환열차가 한 바퀴를 도는데 걸리는 세 시간 동안 거의 쓰레기들과 함께 해야 한다. 그리고 한 가지 더. 열차가 떠나고 곧바로 몸이 가려웠다. 기차 내 벼룩에 대한 악명을 익히 알고 있었지만 그래도 이건 너무 심했다. 앉자마자 1분도 안 되서 시작된 가려움증은 팔꿈치와 무릎 뒤쪽의 오금에도 살며시 자리 잡았다. 만일 두 부분이 극적으로 손을 잡고 이어진다면 난 몸의 거의 반 이상을 벼룩에게 점령당했을 것이다. 어제 한국인 여행자로부터 순환열차 대비 연고를 받아오지 않았다면 여행의 막바지에 대참사를 맞을 뻔했다. 감사하다. 그 분.

가려움증은 지속됐지만 물렸다는 신호를 말해주는 돌기는 더 이상 생기지 않았다. 나는 나무의자에서 일어나 열차의 계단난간에 앉아 더 이상의 피해를 줄였다. 열차의 난간은 그렇게 위험하지는 않았으나 가끔가다 중심을 잃을뻔 한 구간이 있기는 했다.

바깥을 보며 더 이상 돌아갈 수도 없는 꽤 멀고 많은 정류장을 지나쳤을 때 온 칸이 떠나가도록 망치소리가 들렸다. 한 칸에 너무나 많이 탔다싶을 정도로 많았던 열차관리인들이 드디어 분연히 들불처럼 일어

나 벼룩소탕 작전에 돌입한 것이다. 저마다 적당한 막대기들을 들고 승객들을 자리에서 일어나게 한 다음 사정없이 나무의자들을 가격했다.

"탁 탁 탁" 소리와 함께 정말 거짓말처럼 우수수 벼룩들이 떨어졌다. 보통 벼룩이 육안으로는 금방 식별이 불가능하다고 할 때 어두운 기차바닥에 떨어진 것은 내가 본 것보다 훨씬 많았을 것이다. 그 중에 한 마리는 거의 벌레 수준이었다. 친절한 검표원은 그 빠른 시간에 나에게 그 벼룩을 죽이라며 발로 짓이기라는 행동을 보였다. 우정 어린 추천임을 알아차린 나는 발을 의자 밑으로 집어넣어 그 벼룩의 왕을 '그렇게' 하는 데에 성공했다. 조그만 녀석의 몸집에서 그렇게 많은 액체가 나올 수는 없었다. 지름이 2mm정도 되는 녀석의 사체위로 그보다 다섯 배는 많은 액체의 흔적이 바닥위로 번졌다.

한바탕 소동이 일어난 후에 잠시 열차 안은 잠잠해 졌다. 피곤한 일상을 사는 사람들에게 나처럼 순환열차를 타며 나름대로 여행을 하는 사람의 감정이 있을 곳은 없었다. 모두가 졸았으며 눈과 고개를 떨구었다. 잠시 내 옆에 앉아 있던 청년은 계속해서 한국 길거리에서 산 나의 가짜 나이키신발을 쳐다보고 있었다. 아예 시선을 신발에 고정시켰

다. 청년은 계속해서 나를 보고 무어라 말을 했지만 알아들을 수 없었
다. 그러나 아마 얼마면 살 수 있는가에 대한 질문이었을 것이다. 4개
에 100짯짜리 싸구려 담배를 피던 청년. 그는 마치 비밀을 말하듯, 마
술을 보여주듯 담배를 피고는 연기를 자신의 손톱 끝에 불어 까맣게
여울져가는 담배연기의 흔적을 보여주었다. 단 두 번 만에 손톱색깔이
고목나무색처럼 변했다. 그보다 더 많은 양이 들어간 그의 폐는 아마
아스팔트처럼 굳어갈 것이다. 담배를 던져버리라고 했지만 친구는 멋

쩍게 웃었다. '건강이 나빠지기 위해선 다른 방법은 없잖아' 라고 말하는 것 같았다. 그 친구에게 주머니를 뒤져 내가 가지고 있는 다른 담배를 줄 수는 없었기 때문에 약간 슬펐다.

양곤을 출발하여 딱 반이 되는 지점에는 생각보다 큰 장이 섰다. 여느 장과 다름없는 장이었지만 그들의 표정은 껠로나 삔따야에 있는 시장상인들의 그것보다 더 힘겨워보였고 지쳐보였다.

열차는 십초가 다른 정확히 세 시간 만에 양곤역으로 돌아왔다. 양

곤은 양곤을 출발한지 역시 정확하게 세 시간만 달라져 있었다.

숙소로 돌아오니 선생님들이 돌아오셨다. 차웅따에서 양곤까지 걸린 시간은 나보다 더 걸렸고 모두 얼굴이 심하게 탔다. 그들의 얼굴에는 어느덧 미소의 근육과 웃음의 주름이 자연스럽게 자리 잡았다.

호텔 마당에 나오니 선생님 두 분도 나와 계셨다.
양곤의 저녁은 그럭저럭 더위를 피해 갈 수는 있는 기온이었다.
주변 산책을 하려고 밖으로 나오다가 멀리서 웅대하게 빛나고 있는 쉐다공을 발견했다. 양곤의 첫날밤은 숙소에 머물렀기에 지근거리에 쉐다공이 저렇게 맘껏 빛나주고 있는지 몰랐었다. 우리는 자연스럽게 그쪽으로 걸어갔다. 사람들은 빛이 있는 쪽으로 걷게 마련이다. 그리고 그것은 빛이라기보다 하나의 명령이었으며 계시였다.

쉐다공 앞의 밤길은 오늘 아침에 걸었던 똑같은 길과는 사뭇 달랐다. 술레 퍼야 근처에 세꼬랑이라는 꼬치골목이 유명하지만 아마 이곳도 세꼬랑 못지않을 것이다. 세꼬랑은 내일 마지막 미얀마 여행을 마감하는 자리로 정해졌다. 여행의 마지막 노정이 꼬치구이 골목이라는 것에 약간 싱거운 느낌이 났지만 어쩌면 그곳에서 생각지도 않은 것을 느끼게 될지도 모르는 것이었다. 변수로 점철 된 여행의 노정에서 처음과 마지막에 대한 기대감을 접은 지 오래이다. 처음과 마지막에서 나타나는 감정인 떨림과 아쉬움 그것은 여행을 하는 동안 언제나 같았고 또 어찌 보면 둘 다 다르지 않은 같은 맥락이었다.

엄청나게 붐비는 길거리의 음식점들을 지나 마치 길 한가운데에서 갑자기 번쩍하고 번개가 치는 듯한 쉐다공을 제대로 만났다. 인식을 하고 있지 못한 것은 아니었지만 충분히 놀라고 급작스러우며 또 그럴 만큼 빛났다. 원래는 가볍게 산책만 하러 나온 것이었는데 이곳까지 오게 됐다. 숙소에서 쉐다공까지는 솔직히 아주 가깝지는 않았다. 우리는 그야말로 이끌렸다.

아이들이 신발을 넣으라며 비닐봉지를 주머니에 쑤셔 박고 얼마간의 돈을 요구했지만 미안하구나 애들아. 돈을 가져오지 않았단다.

결국 계단을 올랐다.

쉐다공 정상에 다다르자 다시 신발을 맡기고 도네이션을 요구하는 처자들이 있었으나 그만 돈을 가지고 오지 않았다고 하니 본연의 임무는 잊은 채 까르르거렸다. 한국에서 온 여행자임을 알았을 때는 거의 순간 연예인을 대 하듯 했다.

쉐다공에 들어섰다.

밤 아홉 시가 넘은 시간이라 매표소에는 아무도 없었다.

2,500여 년 전 미얀마의 무역상이 고타마 싯다르타 붓다에게 공양을 올린 후 불탑을 지었다고 전해지는 이 쉐다공 불탑의 내부에는 부처님의 유품과 머리카락이 보관되어 있고 98미터에 이르는 꼭대기에는 76

캐럿의 다이아몬드를 비롯해 5,448개의 다이아몬드, 2,317개의 루비와

사파이어, 대형 에메랄드와 토파즈등 수많은 보석들로 치장되어 있다

고 하며 외벽에 마감된 금의 무게만 60톤. 이 모든 것들을 팔면 미얀마

전체 국민들을 몇 십 년 동안 먹여 살릴 수 있다하니 그 엄청난 가치에

또 한 번 놀라게 된다.

　그 하나의 절대 유닛.

　양곤의 아니 미얀마의 유일한 심장이자 인간이 마음으로 쌓은 황금

의 바벨.

이웃 나라들인 태국의 방콕과 라오스의 비엔티엔에도 수도를 대표하는 역사적인 상징물들인 왓 프라깨오나 탓 루앙이 있지만 밤에 빛나고 있는 쉐다공의 그 격한 존재감은 확실하게 그것들과는 격이 달랐다. 우아하고 절도가 있으며 단단하게 우뚝 솟은 그 절정의 남성미.

우선 자리를 잡고 앉아 단순하게 쉐다공을 바라보는 것으로 모든 시간을 할애했다. 지금이 여름이었다면 이 자리는 이들의 절절한 불심과 불붙어 지금 활활 타오르고 있을 것이다.

모두 숨을 죽이며 치성을 드리고 있다. 뛰어다니거나 큰소리로 웃는 삶들은 당연히 없었다. 미얀마 사람들은 쉐다공에 오면 저절로 자신을 낮추고 가장 미물이 되가는 것 같았다. 쉐다공을 한 바퀴 돌았다. 선생님들은 그냥 앉아서 기다린다고 했다. 한 바퀴 돌아오니 선생님들이 그 자리에 없었다. 선생님들 역시 둘러보러 간 것 같아 적당한 자리를 잡고 기다렸다. 선생님들이 한참을 오지 않고 있다는 생각이 든 것은 불현듯 내가 앉아 있는 자리가 아까 우리가 헤어졌던 자리가 아니었음을 뒤늦게 깨달은 때였다. 사방이 정교하게 똑같은 모습의 쉐다공 파고다는 바로 앞에 서 있음에도 불구하고 미로의 벽처럼 흔들렸다. 실체가 있는 신기루. 미얀마 사람들과 불자들에게는 불경스러운 이야기가 될지 모르지만 언젠가 하늘이 열려 외계 세력이 쳐들어온다면 가장 먼저 우주로 공격해 날아갈 지구 최고의 황금로켓.

뛰어가면서 나는 생각했다.

쉐다공은 최고라고.

거우 뛰어가 선생님들을 만났다. 신 선생님이 한 바퀴 둘러보러 가시고 오 선생과 나는 쉐다공이야말로 미얀마의 제 1순위라고 감탄하며 그 절대의 존재 앞에 완벽하게 허물어져갔다. 미안하지만 일순간에 이제까지 미얀마의 모든 것, 껄로의 뒷길이나 삔따야의 평원 그리고 인레호수에 잠겼던 모든 것이 부정되고 엷어져갔다. 어쩌면 내 마음속에서 그렇게 흘러가고 있는지도 몰랐다. 쉐다공 앞에서는 그런 것들이 자연스러웠다.

신 선생님이 돌아오시고 다시 계단을 내려와 밤거리를 조금 헤맨 끝에 몰라마잉이 여전히 뛰어다니며 바쁘게 일하고 있는 숙소로 돌아왔다.

막판에 입장료 없이 들어온 우리를 관리인인 듯한 사내들이 제지했고 실제로 돈도 없었지만 우리가 들어올 때 매표소의 문이 닫혀있었기 때문에 우리의 잘못이라고 생각하지는 않기로 하고 물러났다.

선생님들은 내일 양곤 근처의 섬에 갈 계획이었고 난 그저 주변을 걸으며 천천히 미얀마를 정리할 생각이다.

시작과 끝을 동등한 방식으로 중요하게 생각하는 것은 당연하다.

새로운 나라였기에 그리고 군부의 잔재가 아직도 견고하게 남아있기에 미얀마의 처음은 솔직히 경계로 시작했다. 그것이 생각보다 빨리 그리고 경계의 저 반대편 느낌으로 바뀐 것은 어쩌면 바간에 내려 호스카를 타고 냥우의 새벽길을 달렸을 때인 것 같고 곧바로 쉴 틈 없이 이어진 아마라뿌라의 우베인 다리에서였던 것 같다. 하지만 지금 미얀마의 마지막을 목전에 둔 상태에서 경계나 긴장 같은 감정은 사라진지 오래이고 그 감정들은 오히려 저 반대편의, 따뜻함이라고 밖에 말할 수 없는 애정과 머리 숙여야 할 감사들로 꽉 채워졌으니 이제는 오히려 그 감당하기 어려운 배려와 미소들에 대해서 책임이라도 지라고 말하고 싶다.

아마 내일 마지막 밤에 또 확실한 방점을 찍을 것이지만, 미얀마는 나에게 너무 잘해주었다. 난 그 빚을 갚고 싶다고 다짐을 하고 잠에 들었다.
양곤의 밤 또한 미얀마처럼 절대 넘치지 않는다.

*

양곤에 오면 무척 바쁘게 어디든 가서 눈에 닥치는 대로 볼거리를 찾으리라고 마음먹었지만 막상 양곤에 들어오니 그런 생각이 사라져 버렸다.
하지만 차웅따에서 쉬었으니 양곤에서도 쉬고 말리라는 생각은 할 수 없었다. 나는 개인적으로 쉬어갈 만 한 포인트를 짧게 두지 않는다.
무조건 나갔다.

숙소에서 뒷길로 이어지는 짧지만 양곤의 파고다 순례를 하기로 했다.

뒤로 이어진 길을 따라가면 아침부터 쪽장이런 표현이 있는지 모르겠지만 열린다. 구성은 다른 시장보다 특별하지 않고 엇비슷하다. 생선과 갖가지 채소 그리고 국수를 파는 난전과 생필품들. 그보다 더 중요한 구성은 미얀마를 다시 오지 않는다면 앞으로 못 보게 될 이제까지 느껴왔던 사람들과는 근본적으로 다른 사람들 그리고 역시 그들의 미소. 파고다를 찾는 나에게 결국 엉뚱한 길을 가르쳐 주었지만 열과 성을 다해 그 바쁜 시간의 틈을 나에게 기꺼이 내주던 사람들.

단 당신들에게 해 준 것이 아무것도 없는데 모두들 나한테 왜 이러는 거야.

몇 개의 사원들을 거쳐 유기농 커피를 살 수 있다는 곳으로 향했다.

골목은 생각보다 길었고 갑자기 바로 며칠 전 고급차를 구입한 것 같은 사람은 가볍기 그지없는 경적을 울리며 좁은 골목을 질주했다. 골목 막바지의 선원에서 스님들의 장엄한 탁발의 물결을 보았다. 겨울 시즌이긴 하지만 양곤의 오전시간은 충분히 더웠다. 스님들은 더위나 불편함은 부처에게 다가가는 길과는 아무런 상관이 없다는 듯 무릎 아래까지 내려오는 가사를 두르고 묵묵하게 대열을 따랐다. 물론 양산을 쓰고 계신 스님도 있었지만 그것은 더위를 피한다기 보다는 미얀마의 전통양산을 쓰며 다른 의미의 멋을 내고 있을 것이었다. 이를테면 선비가 합죽선을 들고 다니듯이.

또 다시 분명히 왔던 길을 돌아간 사내의 안내로 마켓에 갈 수 있었다.

　그 사내는 위험하다고는 볼 수 없었지만 그래도 6차선에 해당하는 왕복의 자동차 도로를 건너 반대편 길로 사라졌다. 마켓으로 가는 내내 나의 손을 잡지 않았다면 난 그를 미얀마 사람들 중의 한 명으로 기억할 것이었지만 그가 슬며시 잡은 손을 뿌리치기에는 손에서 전달되어 오는 의미가 너무 많았다. 막내 삼촌하고 사람이 많은 야구장을 빠져나오는 느낌.

　유기농 커피를 사지는 못했지만 친구에게 선물할친구는 요즘 와인의 세계에 빠져있다. 친구가 늦기 전에 하나의 세계에 빠진다는 것은 혹시 우표수집에 빠진다고 하더라도 진정 축하해 줘야 할 것이다. 미얀마 와인 그리고 후배에게 줄 유기농은 아니었지만 미얀마 커피 그리고 여러 지인들에게 줄 미얀마의 차도 듬뿍 샀다. 들고 간 가방이 터질 것같이 부풀고 양 손에도 무엇인가를 들어야했었지만 선물을 살 때 그리고 그 마음이 전달될 때를 생각하면 나 역시 무게나 불편함은 다른 길이었다.

　점심은 숙소근처의 식당에서 마지막으로 모힝가에 다시 도전하기로 했다.

　많은 사람들이 그렇게 훌륭하다는 그 음식을 나만 못 먹는다는 것은 가뜩이나 바닥권인 나의 오기에 관련된 문제였다.

　미얀마 여행 근 한 달 동안 분명 내 입맛이 변한 것인지 이상하게 못 먹겠다. 실패는 물론이고 아예 패한 것 같다. 난 두 손을 들고 모힝가

에 항복했다. 마치 해보지는 않았지만 진정 입덧이란 것이 이러한 것
이라는 생각이 들었다.

주인장에게는 배가 불러 못 먹겠다는 연기를 해 주고 다시 숙소 근
처의 식당에 들어가 편육냉채를 먹어주었다. 자리에 앉자마자 내 앞
사람이 식사하는 것을 보고 그냥 주문한 것은 약간 매웠지만 일단 접
시에 담겨 나오는 화려한 비주얼 때문이기도 했다. 돼지의 귀를 먹는
데 모힝가를 못 먹겠다니. 암튼.

술레 퍼야 뒤편의 부두를 돌아다니다가 선생님들과 만나기로 한 보
족시장으로 갔다.

애초에 양곤을 수도로써 계획할 때부터 중심이 되었다는 술레 퍼야 주위에는 수상관저와 대법원, 시청등이 있었지만 어딘지 역사와는 관련이 먼 단순한 건물들처럼 보였기에 겉으로만 들러보며 안으로까지의 방문은 접기로 했다. 보족으로 가는 길가의 버스 정류장엔 아기의 엄마가 젖을 물린 채로 옥수수를 팔았고 아버지는 얼음을 갈고 부지런히 꽁야를 말았다. 남자 쪽에서 삶과 가족에 대한 정확한 인식과 허투루 살지 않겠다는 굳은 다짐만 있다면 아마 사 오년 후 쯤에 그 부부는 건너편의 가게에 앉아있을 것이다.

한 가정의 책임은 남자에게 있는 것이 맞다.

　　보족 시장. 미얀마에 도착해 준비도 안한 상태에서 무차별적으로 나에게 미소와 친절을 보여주었던 곳이다. 그때는 정말 이곳저곳에서 폭죽이 터지듯 터졌었다. 자신이 앉아있던 의자를 내주고, 어디로 가라며 친절하게 오토바이에서 내려와 주고 은행에서 200불을 가지고 이런 환대를 받아야 하나에 대한 의문마저 들었던 곳. 다른 나라였다면 하루에 벌어진 이런 일들은 오히려 에피소드나 해프닝으로 기억될 것이었지만 미얀마에서는 그냥 일상이었다. 친절과 미소와 배려와 존중의 틈 없는 집약체.

보족으로 넘어가는 육교위에 섰다. 잠시였고 지나가는 미얀마 사람들과 양곤의 모습을 보았다. 육교위에서 갑자기 미얀마에 대한 상념이 생기는 것 같아 얼른 자리를 떴다. '육교 위' 라는 곳이 멋진 곳임에 틀림없었지만 그래도 사람들이 없는 곳에서 혼자서 잠기고 싶었다. 보족 시장을 둘러보았지만 미얀마 시장의 핵심은 만달레이의 쩨조나 양곤의 보족이 아닌 거리에서 펼쳐지는 시장임을 알아왔기에 약간은 심드렁하게 지나치게 되었다. 물론 이곳역시 다른 시장들과 마찬가지로 호객을 한다 던지 오히려 반감일 수 있는 상업적인 미소로 접근하는 사람들은 없었다.

선생님들과 다섯 시에 만났다.

세꼬랑으로 가는 택시를 잡기는 어려웠다. 술레 퍼야가 있는 양곤 남쪽 다운타운의 트래픽은 어느 나라 못지않았다. 차가 막혀 그만큼 벌이가 안 되는 기사들의 상황을 고려한다면 뭐 대단한 승객이라고 우리만의 억지를 부릴 필요는 없었다.

몇 번인가를 택시를 보낸 우리의 절박한 상황을 간파한 미얀마 여성이 우리보고 한 블록 오른 쪽으로 가서 택시를 잡으면 더 수월할 것이라고 일러주었다. 마침 그 구간만 차들의 통행이 그나마 가능했고 양곤의 명물중의 하나인 세꼬랑 골목에 다다랐다.

호객이라기보다는 소개하는 정도의 청년들이 많았지만 어젯밤 쉐다공 근처의 꼬치집보다 왠지 별로였다. 쉐다공의 꼬치집들은 이곳처럼 깔끔하지는 않았지만 허물없이 있는 그대로 다 보여주는 좋은 의미의 난잡한 식당거리였다.

적당한 집을 기웃거리다가 한 청년이 걸어오는 말에 그 집으로 향했다.

"생맥주 한 잔에 600짯!!"

한국말을 할 줄 아는 친구는 생각보다 더 능숙했다.

드래프트 500이 몇 번 추가되고 갖가지 생각보다 맛없는 꼬치를 먹으며 이제 미얀마의 마지막 밤을 맞이했다. 지금 같은 기분이라면 지금 당장 해피 뉴 이어를 외쳐야만 하는 자리였다고 하더라도 당연히 그리할 것 같았다.

만달레이에서 밍군으로 가던 배에서 만났던 처자가 유일하게 이 골목의 한국여성으로 합세하고 우리는 좀 더 기분을 냈다. 선생님들은 내일 새벽 일찍 공항으로 출발해야겠기에 술을 섞어 마음껏 취하는 자리까지는 가지 않았다.

분명히 강을 거스르며 밍군으로 갈 때 보았던 처자의 눈빛은 조금 달랐었다. 멍하다기보다는 드디어 자신이 마무리하고 말 그곳에 도달한 것 같았었다. 난 특이하게 사람들의 눈동자나 눈빛을 관찰하는 버릇이 있기에 난 그때 그녀의 그것을 똑똑하게 기억하고 있다. 진지하게 물어본 나의 질문에 그녀는 단지 멍했었다고 하며 웃음을 터뜨렸다. 우리는 같이 웃었다. 어쨌든 좋았다. 맥주와 좋은 사람들 그리고 양곤. 오늘은, 지금은 미얀마의 마지막 밤이니까.

새벽 여섯 시에
선생님들을 배웅했다.

나 역시 조금 후에 이 양곤을 떠난다.

미얀마의 마지막 코스로는 숙소 바로 앞에 있는 깐도지 호수를 택했다.

깐도지 호수를 택했다기보다는 막바지 포인트로 일출로 잡았다.

일출 앞에서 나의 미얀마 여행의 커튼을 닫기로 했다.

인공 호수이자 도심 한 가운데에 있는 호수이지만 새벽 시간, 호수를 통해 퍼지는 빛의 우아한 탄생은 미얀마를 마감하기에 가장 적절한 선택이었다.

서늘한 어둠이 아직 빠지지 않은 길을 걸었다.

철창이 쳐진 호수공원의 바깥쪽을 걷는 것이었지만 그래도 나쁘지 않았다. 어디선가 호수의 비릿한 물기와 그 이슬이 아직 가시지 않은 철 냄새가 났다.

요란한 소리와 함께 미얀마의 폭주족이라고 할 수 있는 대부대가 지나갔다.

스케이트 보더.

이십 여 명으로 구성된 그러나 매연을 전혀 뿜지 않는다는 상당히 친환경적인 개념 보더들은 폭주를 하기에는 너무 이른 시간이거나 혹은 늦은 시간인 새벽 여섯 시의 길을 질주하며 자신들의 까닭 없는 울분과 반항심을 쓸데없이 길 위에서 뿌리고 있다. 저 폭발할 것 같은 에너지를 사랑하는 가족에게나 이른 귀가로 전환할 수는 정녕 없는 것일까.

차량들이 뒤엉키고 요란한 경적이 거리에 퍼졌다. 푸르스름한 새벽을 깨우기에는 왠지 안성맞춤의 효과음이라고 생각했다. 양곤 시내에는 오토바이가 원칙적으로 금지되어 있다고 해 오토바이들은 이 폭주의 도로에 참여하지 못했다.

입장료 이야기를 들었지만 새벽시간이라 그런지 관리인은 없었다.

한 노인이 내 앞에서 뛰고 있었다. 뛰는 자세는 딱딱했지만 그러나 무척 오랜 세월을 뛰었음을 알 것 같이 리드미컬했다. 천천히 뒤따라 뛰며 이곳의 가장 높은 언덕이 어디 있느냐고 물었다. 갑자기 나타난 사람에게 할 첫 번째 동작은 아니었지만 노인은 반가운 웃음을 띠고 나의 손부터 덥석 잡더니 갑자기 옆으로 나 있는 오솔길을 통해 뛰어 올라가기 시작했다. 오솔길을 뛰던 노인은 나의 손을 잡은 채로 갑자기 다시 풀 섶을 가로지르기 시작했다. 슬리퍼를 신고 있는 발등에 더 이상 싱그러울 수 없는 물기가 스쳤다. 노인은 다시 아래쪽으로 나를 인도했다. 나는 그에게서 무슨 훈련을 받거나 대단한 가르침을 받고 있는 것 같았다. 거부란 할 수 없는 꽉 짜여진 프로그램 같은 동작이었다. 야트막한 언덕을 거의 내려왔을 때 노인이 미끄러져 버렸다. 나는

뒤에서 따라가는 입장이라 그 구간을 순간적으로 피할 수 있었다. 멋쩍게 '이 언덕의 내리막은 이제 나와 같군' 이라는 명대사를 날릴 것 같던 노인은 그제야 반대편의 한 건물을 가리켰다. 아직도 어두운 공간에서 그의 손가락이 힘없이 떨렸지만 웃음을 잃지 않은 것으로 보아 다행스럽게 조깅은 계속할 수 있을 것 같았다.

노인이 나의 손을 잡고 한 바퀴 뛰었던 것은 아주 좋은 기억으로 남아있다. 할아버지에 대한 기억이 거의 없지만 할아버지의 손을 잡고 한번쯤 뛰어보는 것이 괜스레 그리워졌다.

불이 꺼진 어두운 빌딩으로 들어가 6층까지 힘들게 올라갔다. 어두운 상태에서 계단을 오르는 이 장면은 이번 미얀마 여행에서 유일하게 긴장감 넘치는 씬이 되었다. 옥상으로 나가는 문은 굳게 잠겨있었다. 아마 이곳에서 멋진 일출을 볼 수 있었겠지만 생각해보니 건물자체가 현재는 운영되지 않는 모양이었다. 철렁거리는 자물쇠와 체인이 철컹거리는 소리는 차갑게 식어버린 유리문과 부딪혀 온 건물에 퍼졌다. 둘 중에 하나는 부서지던지 깨질 것 같았다.

태양은 멀리 산 위로 조금씩 떠오르고 있지만 구름 속에도 잠겨있었다.

포기되어진 일출을 뒤로하고 어두운 계단을 더듬거리며 내려오는 데불빛이 보이는 작은 공간에서 아주 색다른 소리인 당구치는 소리가 들렸다. 부드럽게 당구공이 굴러가고 다시 큐로 치는 소리들이 사람의 목소리는 없는 상태에서 들렸다. 나는 왠지 백조의 깃털이 날아올라 가볍게 바닥에 떨어지는 것 같은 소리로 들렸다. 새벽 여섯 시에 스케이트보드를 탄 스무 명의 청년들과 묘하게 어울리는 소리였으며 기괴한 순간이었다. 어쩌면 완벽한 대칭이라고까지 할 수 있을 정도로 새벽의 이 불 꺼진 건물에서의 당구공이 맞부딪히는 소리는 정말이지 공포스러웠다.

해가 직접 뜨는 것을 보진 못했지만 이미 여유롭게 퍼진 해는 호수에 안착했다.

나 역시 미얀마의 마지막 날 아침에 같은 기분을 느낀 것 같았다.

떠나지만 결국 돌아오고 말아야 할 여행의 마지막 종지부. 그것은 안착.

잠시 호수를 거닐고 산책 나온 시민들과 눈인사를 하며 조용한 아침 길을 되돌아올 때 갑자기 아무런 근본 없는 감정이 콧등을 스쳤다. 어쩌면 이때야말로 뒤늦게 미안마를 실감하고 있는 중이었나 보다. 나로부터 솟는 감정의 발로는 애초에 이유를 묻지 않는다. 나는 나의 그것을 감정이라고 하지 않고 가끔 '피' 라고 부른다.

지금까지 난 타국의 낯선 나라에 있는 지 자각하지도 못해왔던 것 같다.

이렇게 편하게 해 주는 곳이었기에 나 스스로 긴장을 하지도 않았으며 여행지에서 의외로 많이 겪을 수밖에 없는 스트레스를 전혀 받지 못했으니까. 이제 떠날 생각을 하니 그동안 더 잘해주지 못하고 아무것도 못한 채 그저 익숙해져버린 내가 미웠다.

당신이 웃을 때 난 당신이 나를 위한 배려에서 그런 것이지 모르고 단순하게 지나쳤다.

당신과 길을 걸을 때 난 당신역시 걷고 싶어서 나와 걷는 줄 알았다.

당신이 울 때 난 당신의 눈물이 어디에서 나는지 알려고 하지 않았다. 항상 당신은 뒤를 돌아 울곤 했으니까.

당신이 나를 부를 때 난 당신을 보지 않았다. 난 나의 길을 가고 있었으니까.

하지만 지금 와서 생각해보니 당신은 어느 곳에나 있었고 또 항상 나와 함께였다.

너무 익숙해져버린 일상 앞에서 나의 이기는 제대로 그리고 멋대로 엇 나가왔다.

당신은 늘 그래왔듯이 사과를 받기는커녕 또 웃어줄 것이다.

난 그것이 뼈가 아프게 미안하다.

목에 금이 갈 정도로 쓰라리다.

그리고 눈이 찢어질 것 같이 슬프다.

모든 것이 빠르게 지나갔고 뒤엉켜 복잡한 감정에 빠졌다.

난 당신에게 할 말이 없다.

그저 고마웠다고 그리고 다시는 나 같이 고마워 할 줄 모르는 사람을 받아주지 말라고 말하고 싶었다. 들을 수 있다면 정말이지 나의 진심을 얘기하고 싶었다.

다시 보고 싶은 마음 그리고 나의 모습을 더 이상은 보이고 싶지 않은 마음.

나를 받아줄까 하는 두려움 그리고 나의 그 두려움마저 받아드릴 당신의 그 너그러움에 또 한 번 무너진다.

난 그래서 나의 눈물을 보고 있다.

모든 것이 다 빠져나갔다.

기억도 기록도 추억도 그리고 가슴에 새긴 모든 것이.

아주 오랜 세월이 지나도
난 이곳에 있을 거야.
언제라도 마음만 가져 와.

난 미얀마에서 내 삶의 어느 중요한 지점을 확실히 지나간 것 같다.

비행기가 이륙했다.

마지막 바람이 있다면 비행기가 북쪽으로 곧장 나가지 않고 바다쪽으로 한 바퀴 돌아서 양곤 시내를 돌아주었으면 했다. 하늘의 모퉁이에서 당신을 한 번 정도는 더 보고 싶었다. 아쉬움이란 그래서 항상 설명할 수 없는 '여지' 라는 것을 남긴다.

비행기가 갑자기 기류를 타더니 왼편으로 기울어졌다.

그때 창밖으로 저 멀리 아주 조금 쉐다공이 빛났다.

미얀마가 나의 귀에다 속삭였다.

아주 오랜 세월이 지나도 난 이곳에 있을 거야.

언제라도 마음만 가져 와.

창을 통해 보이던 내 얼굴은 이제 웃고 있었다.

Love, Peace & Empty......

천천히
그러나 너무 늦지 않게,
미얀마

초판 1쇄   2012년 12월 1일
글·사진   정의한
디 자 인   박지숙
표지디자인   박지숙·이 곤
펴 낸 날   2012년 11월 27일
펴 낸 곳   출판 나다
주   소   서울시 마포구 서교동 401-19 203호
            T. 010-9146-3959
전자우편   E. jjwaits@naver.com
찍은 곳   (주)현문자현
ISBN 978-89-964756-1-3 03980

값 13.800원